中国科协生命科学学会联合体
China Union of Life Science Societies

中国生命科学十大进展
2019

中国科协生命科学学会联合体 编

中国科学技术出版社
·北京·

图书在版编目（CIP）数据

中国生命科学十大进展 . 2019 / 中国科协生命科学
学会联合体编 . — 北京：中国科学技术出版社，2020.9
　ISBN 978-7-5046-8750-0

　Ⅰ . ①中… 　Ⅱ . ①中… 　Ⅲ . ①生命科学 – 科学进展 –
中国 – 2019 　Ⅳ . ① Q1-0

中国版本图书馆 CIP 数据核字（2020）第 144209 号

策划编辑	符晓静
责任编辑	王晓平
正文设计	中文天地
封面设计	孙雪骊
责任校对	吕传新
责任印制	徐　飞

出　　版	中国科学技术出版社
发　　行	中国科学技术出版社有限公司发行部
地　　址	北京市海淀区中关村南大街 16 号
邮　　编	100081
发行电话	010-62173865
传　　真	010-62173081
网　　址	http：//www.cspbooks.com.cn

开　　本	710mm×1000mm　1/16
字　　数	150 千字
印　　张	11.25
版　　次	2020 年 9 月第 1 版
印　　次	2020 年 9 月第 1 次印刷
印　　刷	北京盛通印刷股份有限公司

书　　号	ISBN 978-7-5046-8750-0 / Q・224
定　　价	58.00 元

中国科协生命科学学会联合体
简　介

　　中国科协生命科学学会联合体（以下简称"学会联合体"）是中国科学技术协会（以下简称"中国科协"）的学会联合体，是非法人联合组织。学会联合体由中国科协所属生命科学领域的 11 家全国学会联合发起，于 2015 年 10 月 15 日在北京召开成立大会。

　　学会联合体的成立不仅是科技体制改革的重要举措，也是群团工作改革的创新举措，更是顺应现代科技发展规律的具体举措。生命科学领域是体现学科高度交叉融合的典型学科，也是目前我国在国际上有重大影响力的学科领域，有可能实现从跟跑转为并跑、领跑。学会联合体重在创建学科和人才间有机互动、协同高效、资源开放共享的长效机制，形成共谋发

展、联合攻关、协同改革的稳定体系。学会联合体所提供的大平台能够进一步突出科学家在科学研究及科技创新中的主体性，能够更好地发挥科技社团的组织和引导作用，促进成员之间的信息交流与资源共享，营造出一个很好的创新环境。学会联合体通过开展大学科交流，促进学科间融合合作，使更多的资源共享、共用，引导和促进协同创新，充分发挥学会联合体平台、集成优势，通过开展重大评估、设立重大奖项、提出重大计划、承担重要职能，凝聚各方科学家和广大科技工作者，提升国际话语权。

目前，学会联合体成员包括中国动物学会、中国植物学会、中国昆虫学会、中国微生物学会、中国生物化学与分子生物学学会、中国细胞生物学学会、中国植物生理与植物分子生物学学会、中国生物物理学会、中国遗传学会、中国实验动物学会、中国神经科学学会、中国生物工程学会、中国中西医结合学会、中国生理学会、中国解剖学会、中国生物医学工程学会、中国营养学会、中国药理学会、中国抗癌协会、中国免疫学会、中华预防医学会、中国认知科学学会共 22 家全国学会。

成立背景

学科发展需求

生命科学是一门发展迅速、多学科交叉的前沿学科，与人民健康、经济建设和社会发展有着密切关系，是当今世界倍受关注的基础自然科学之一。近年来，中国生命科学学界取得了举世瞩目的成就，这与生命科学领域各学会在推动学科发展中所发挥的积极关键性的作用是分不开的。

学会发展需求

加强各全国学会之间的沟通与资源共享，提升中国生命科学的国际影响力，更好地承接政府职能转移，加速全国学会的自身发展。

中国科协支持

在中国科协的倡议下，先由生命科学领域的 11 家全国学会作为发起单位，成立"中国科协生命科学学会联合体"，同时逐步邀请、吸纳中国科协所属生命科学领域各全国学会加盟，使学会联合体能够成为切实为各全国学会服务，进一步加强与中国科协联系，大力推进我国生命科学发展的纽带。

宗旨与使命

学会联合体由中国科协所属生命科学领域各全国学会按照"自愿、平等、合作"的原则发起成立，与生命科学相关各全国学会可自愿申请加入学会联合体。学会联合体在不干涉各全国学会自身工作的前提下，为更好地适应国家科技创新发展总体要求，探索科技社团的管理创新模式，促进资源互补和共同进步，推动科学普及、学术交流、咨询培训、合作开发、人才培养，加强生命科学与人类健康知识与文化传播，为国家经济与社会全面发展作贡献。学会联合体接受各成员学会的监督。

学会联合体的宗旨

——公平·合作·责任·发展

学会联合体的使命

——团结生命科学工作者，促进我国生命科学的繁荣和发展

——建立和完善学术和人才资源共享机制，促进科技人才的成长和提高，加速青年人才培养

——增强与政府职能部门的沟通以促进政府职能向全国学会转移，促进成员学会的协同发展，增强全国学会承接政府转移职能能力

——促进科学技术的普及和推广，加强产学研用相结合

——促进国内外合作交流，提升我国生命科学社团的整体竞争力，更好地为国家经济建设，全民科学素质提高，及广大从事生命科学研究的科技工作者服务

——联合成员学会协同合作，完成单个全国学会无法开展的工作

本书编委会

中国科协生命科学学会联合体主席团

（按全国学会代码排序）

孟安明　中国动物学会理事长

种　康　中国植物学会理事长

康　乐　中国昆虫学会理事长

邓子新　中国微生物学会理事长

李　林　中国生物化学与分子生物学学会理事长

陈晔光　中国细胞生物学学会理事长

陈晓亚　中国植物生理与植物分子生物学学会理事长

徐　涛　中国生物物理学会理事长

薛勇彪　中国遗传学会理事长

秦　川　中国实验动物学会理事长

张　旭　中国神经科学学会理事长

高　福　中国生物工程学会理事长

陈香美　中国中西医结合学会理事长

王　韵　中国生理学会理事长

张绍祥　中国解剖学会理事长

曹雪涛　中国生物医学工程学会理事长

杨月欣　中国营养学会理事长

张永祥　中国药理学会理事长

樊代明　中国抗癌协会理事长

吴玉章　中国免疫学会理事长

李　斌　中华预防医学会理事长

陈　霖　中国认知科学学会理事长

前 言 | Preface

　　生命科学已经发展为自然科学中极为活跃的前沿学科之一。进入 21 世纪以来，生命科学正革命性地解决继人类发展面临的健康、环境和资源等重大问题。生物技术产业正加速成为继信息产业之后又一个新的主导产业。这一产业将深刻地改变世界经济发展模式和人类社会生活方式。近年来，中国生命科学学界取得了举世瞩目的成就，这与生命科学领域各全国学会在推动学科发展中所发挥的积极、关键性作用是分不开的。为了加强各全国学会之间的沟通与资源共享，提升中国生命科学的国际影响力，更好地承接政府职能转移，加速全国学会的自身发展，由中国科协倡议，生命科学领域的 11 个全国学会作为发起单位，于 2015 年 10 月成立了"中国科协生命科学学会联合体"。目前，学会联合体成员包括 22 个生命科学领域的全国性一级学会。

　　学会联合体自成立以来，秉承"公平、合作、责任、发展"的宗旨，致力于搭建高水平学术交流平台和高端科技创新智库平台，建立学术和人才资源共享机制，加强产学研用相结合，促进国内外合作交流，提升我国生命科学社团的整体竞争力，推动我国生命科学的创新和发展做了一些工作。

　　为推动生命科学研究和技术创新，充分展示我国生命科学领域的重大科技成果，自 2015 年起，学会联合体以"公平、公正、公开"为原则开展年度"中国生命科学十大进展"评选工作。2019 年，学会联合体各成员学会在广泛征求理事和专业分会意见的基础上，推荐了具有创新性或先进性、重大学术价值或应用前景，主要工作在国内完成或以国内工作为主，并在国内外具有显著影响力的知识创新类和技术创新类项目。经各全国学会网站公示后，在众多优秀成果中推举 2～5 个本领域相关的重大进展，共计 32 个项目提交给学会联合体评审专家委员会评审。经生命科学、生物技术以及临床医学等领域专家评选和联合体主席团核定，并报请中国科协批准，确定了 2019 年度中国生命科学十大进展。

入选的 2019 年中国生命科学十大进展分别为（排名不分先后）：①中国科学院植物研究所沈建仁、匡廷云和清华大学隋森芳研究团队的"破解硅藻光合膜蛋白超分子结构和功能之谜"；②西北工业大学王文研究团队的"反刍动物基因组进化及其对人类健康的启示"；③中国科学技术大学薛天研究团队的"实现哺乳动物裸眼红外光感知和红外图像视觉能力"；④中国科学院脑科学与智能技术卓越创新中心杨辉研究团队的"单碱基基因编辑造成大量脱靶效应及其优化解决方法"；⑤中山大学肿瘤医院马骏研究团队的"提高中晚期鼻咽癌疗效的新方案"；⑥上海科技大学饶子和、杨海涛研究团队的"揭示抗结核新药的靶点和作用机制及潜在新药的发现"；⑦中国科学院动物研究所周琪研究团队的"*LincGET* 不对称表达引发小鼠 2- 细胞期胚胎细胞的命运选择"；⑧中国科学院生物化学与细胞生物学研究所景乃禾研究团队的"小鼠早期胚胎全胚层时空转录组及三胚层细胞谱系建立的分子图谱"；⑨清华大学柴继杰研究团队的"植物抗病小体的结构与功能研究"；⑩北京大学汤富酬和北京大学第三医院乔杰研究团队的"利用单细胞多组学技术解析人类胚胎着床过程"。

这 10 项成果不仅代表了中国生命科学领域在 2019 年取得的重大进

展，也是世界生命科学领域的重要成果。这些研究成果不仅揭示了生命的新奥秘，同时也为生命科学的新技术开发、医学新突破和生物经济的发展打开了新的希望之门，并让世界更好地了解中国生命科学的现状和突飞猛进的发展势头。祝贺取得这些重要科学进展的科学家和他们的研究团队，对他们敢为天下先的勇气和严谨的科学作风表示钦佩。

中国科协生命科学学会联合体主席团
2020 年 1 月

目　录 | Contents

01　硅藻光合膜蛋白超分子结构和功能之谜　　　　　　　　1

02　反刍动物及其特殊性状的进化　　　　　　　　　　　　23

03　哺乳动物的裸眼红外视觉　　　　　　　　　　　　　　35

04　让基因编辑安全无虞　　　　　　　　　　　　　　　　47

05　提高中晚期鼻咽癌疗效的新方案　　　　　　　　　　　65

06　抗结核新药的靶点和作用机制的揭示及潜在新药的发现　83

07　哺乳动物第一次细胞命运决定的新模式　　　　　　　　95

08　小鼠早期胚胎全胚层时空转录组及三胚层细胞谱系建立的
　　　分子图谱　　　　　　　　　　　　　　　　　　　　113

09　植物 NLR 抗病小体　　　　　　　　　　　　　　　129

10　人类胚胎着床过程单细胞转录组和 DNA 甲基化组图谱　143

　　　后记　　　　　　　　　　　　　　　　　　　　　161

硅藻光合膜蛋白超分子结构和功能之谜

王文达　沈建仁

引　言

　　光合作用是地球上重要的化学反应。光合生物利用太阳光将二氧化碳和水合成有机物，从而将太阳能转化为生物可以利用的化学能，同时产生氧气。这为包括人类在内的地球上几乎所有生物的生存与繁衍提供了基本的能量来源和氧气环境[1, 2]。原始地球的大气层中并没有氧气。大约 24 亿年前，地球上首次出现了原核放氧光合生物原始蓝藻。由原始蓝藻光合作用产生的氧气慢慢释放到大气中，地球才开始逐渐由无氧状态变为弱有氧状态。大约 16 亿年前，原始蓝藻被真核细胞吞噬并通过内共生而成为叶绿体[3]，进化出了原始的真核光合生物。真核光合生物进化早期的分裂形成了两个主要的分支：第一个为"绿系"分支，包括绿藻、苔藓和陆地上的高等植物，以叶绿素（chloropyll，Chl）a 和叶绿素 b 作为光合作用中的主要捕光色素，也结合叶黄素等作为辅助的捕光色素；第二个为"红系"分支，利用叶绿素 a、叶绿素 c 以及一些特殊的类胡萝卜素如岩藻黄素（fucoxanthin，Fx）等作为辅助色素[4]。数十亿年间，光合生物进化出了多样的生命形态，同时塑造了适合人类生存的大气环境。除了陆地上各种各样的绿色植物，海洋光合生物也贡献了地球上每年一半左右的原初生产力，与陆地植物的相当。其中，硅藻贡献了地球上每年约 20% 的原初生产力，比热带雨林的贡献还要高[5,6]。

硅藻是"红系"分支光合生物中的重要成分，也是现代海洋中最"成功"的浮游生物之一。它的适应能力很强，从赤道到两极都有分布。硅藻生长迅速，喜欢生活在靠近陆地的近岸区域，容易在富营养化区域形成赤潮，但也为海洋动物和渔业养殖提供了丰富的饵料。大量的硅藻死后也会在海底形成厚达几百米的矿藏。另外，硅藻参与了碳、氮、氧、硅等重要元素在地球上的循环，在全球生态变化中发挥重要作用。硅藻之所以如此繁盛，主要是因为具有高效的光合作用能力[7-9]。与高等植物不同，硅藻的主要捕光物质是结合岩藻黄素和叶绿素 a/c 的膜蛋白——岩藻黄素叶绿素 a/c 结合蛋白（fucoxanthin-chlorophyll a/c protein，FCP）[9]。这使硅藻呈现出棕色外观，并且具有很强的捕获蓝绿光和光保护能力[2,10]，既可以在百米深的海面下生存，又可以在海水表面快速繁殖。

研究背景

光合作用的核心研究之一是光能的高效捕获、传递和利用机制。光能最初由光合生物的捕光天线蛋白吸收。捕光天线蛋白中的光合色素通过激发态能量激子转移的方式将能量转移至光系统 I（photosystem I，PS I）和光系统 II（PS II）的反应中心。PS I 和 PS II 的反应中心各由一对特殊的叶绿素构成。它们接收光能后，发生电荷分离，产生高能正负电子对。高能正电子用于氧化 H_2O 形成氧气。高能负电子则在由光合膜上的几个膜蛋白超级复合体（PS Ⅱ 复合体、细胞色素 b6f 复合体、PS Ⅰ 复合体）组成的一系列电子传递链中传递，最后把 $NADP^+$ 还原成烟酰胺腺嘌呤二核苷酸磷酸（nicotinamide adenine dinucleotide phosphate，NADPH）。当电子在电子传递链中传递的时候，光合膜外侧的质子被输送到膜内侧，和膜内侧 H_2O 被氧化产生的质子一起形成跨膜质子梯度，从而通过三磷酸腺苷（adenosine triphosphate，ATP）合成酶驱动合成 ATP。NADPH 和 ATP 为 CO_2 的还原提供了还原力和能量，使 CO_2 被还原成有机物[1]。

要阐明光合作用中光能的吸收、传递和转化这些原初反应的机理，必须弄清楚光合生物的捕光天线及光系统反应中心的结构。这也是近年来光合作用研究的热点。最近，虽然来自蓝藻和高等植物等的 PS Ⅰ、PS Ⅱ 及其捕光天线结构都得到了解析[11-21]，但是来自硅藻的 PS Ⅰ、PS Ⅱ 及捕光天线形成的超级复合体的结构都还没有被解析。

硅藻具有的特殊捕光天线蛋白，被称为 FCP。FCP 也属于捕光天线复合物（light harvesting complex，LHC）蛋白家族。硅藻的 FCP 主要由 lhcf、lhcr 和 lhcx 基因编码而成[22-24]。其中，由 lhcf 基因编码的蛋白 Lhcf 主要结合在 PS Ⅱ 外围，是硅藻 PS Ⅱ 的主要捕光天线。Lhcr 蛋白主要结合在 PS Ⅰ 外围，是从红藻的 Lhcr 蛋白进化而来的。Lhcx 蛋白则与光保护功能有关。FCP 与高等植物和绿藻的 LHC 捕光天线蛋白的序列同源性仅有 20%。它们虽然都具有 3 个跨膜螺旋形成的骨架架构，但相对分子质量仅为 18～21 kD（图 1-1）。在高等植物和绿藻中，LHC 蛋白结合叶绿素 a 和叶绿素 b 捕获光能，同时结合叶黄素和玉米黄素等类胡萝卜素来辅助捕光或进行光保护。硅藻 FCP 中没有叶绿素 b，但结合了大量岩藻黄素和叶绿素 c，能够帮助硅藻捕获蓝光和绿光，以适应水下弱光环境。同时，FCP

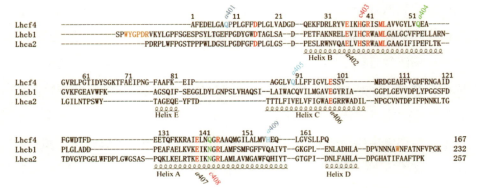

图 1-1　硅藻 FCP（Lhcf4）与高等植物 LHC Ⅰ（Lhca2）和 LHC Ⅱ（Lhcb1）蛋白序列比较分析和叶绿素 a、c（403 和 408）的结合位点

注：黑色螺旋表示 FCP 中的 5 段 α- 螺旋结构区域；红色标记为保守的氨基酸，绿色标记为相似的氨基酸；靛蓝色标记为 FCP 中特有的叶绿素 a 结合位点；橙色区域是高等植物 LHC Ⅱ 形成三聚体的必需氨基酸。

结合的岩藻黄素和硅甲藻黄素（diadinoxanthin，Ddx）也与高等植物中的玉米黄素 – 紫黄质循环不同，可以使硅藻具有很强的淬灭过剩光能（激发能）的能力。这种特殊的光保护机制可以帮助这种浮游生物适应海水表面的强光环境。

　　硅藻 FCP 复合体的结构长期无法解析，限制了在分子水平上对硅藻光合作用机理的研究。另外，硅藻的 PS Ⅱ-FCP Ⅱ超级复合体的结构也完全未知；FCP 的聚集状态和在光系统外围的结合方式，以及由 FCP 向 PS Ⅱ 反应中心的能量传递途径也不清楚。还有，硅藻 PS Ⅱ 核心复合体结合有 5 个与放氧反应有关的外周蛋白，比其他光合生物多 1 ～ 2 个。这些硅藻特有的放氧相关蛋白亚基的结合位置和功能也是未解谜团。

研究目标

　　中国科学院植物研究所沈建仁和匡廷云研究团队一直致力于高等植物

和藻类捕光天线蛋白的结构与功能研究。在已解析高等植物类捕光天线蛋白结构的基础上，他们尝试分离纯化硅藻的捕光天线单独的或与光系统结合的高纯度蛋白质样品，结合生物化学和分子生物学分析，通过结构生物学的手段解析硅藻光合膜蛋白的结构，进而揭示硅藻光合作用拓展捕光截面、高效捕获传递光能的机理，以及高效的光保护机制。本研究不仅可以增强人们对硅藻独特的光合作用机理的理解，也有助于科学家通过人工模拟光合作用机理，利用太阳能获得清洁的可再生能源，并有助于指导设计新型高光效作物。

研究内容

1. 研究思路和技术方法

根据文献检索和前期实验摸索，本团队选择了羽纹纲硅藻三角褐指藻和中心纲硅藻纤细角毛藻作为研究对象。首先，需要优化和提高硅藻 FCP 和 PS II - FCP II 的分离纯化方法，以获取高纯度、高活性、高均一性的膜蛋白样品（图 1-2）。其次，需要对目标样品进行光谱、电泳、质谱和序列等生理生化特征分析鉴定，定性或者定量分析硅藻光合膜蛋白的色素和亚基组成，测定吸收光谱和荧光光谱以分析其捕获和传递光能的特点。再次，需要通过结构生物学技术，解析 FCP 和 PS II - FCP II 的三维空间结构。最后，在原子分辨率下搭建蛋白质的空间结构模型，从结构层面上分析硅藻 FCP 和 PS II - FCP II 中蛋白和色素网络的细节，并以此为基础讨论硅藻光合膜蛋白复合体的亚基和色素的组合排布、光能的高效捕获和传递途径，以及高效光保护的可能分子机理。

目前，X 射线晶体学、核磁共振和单颗粒冷冻电镜技术是主要的蛋白质结构研究手段。核磁共振适合于分子量较小的蛋白结构解析。因为信噪比的因素，单颗粒冷冻电镜技术更适合解析大分子量的蛋白复合体，而 X 射线晶体学技术基本上不受蛋白质分子量的限制，但需要获得高质量的蛋白质晶体。因此，解析蛋白质结构需要有大量的高纯度、高均一性的样品，并筛选到制备高质量晶体的条件。这对于膜蛋白而言，还是有较大的难度。硅藻的 PSⅡ- FCPⅡ复合体的分子量超过 1400 kD，非常适合单颗粒冷冻电镜技术，而 FCP 捕光天线蛋白的结构只能通过 X 射线晶体学技术来解决。

凭借样品纯化优势和制备高分辨率晶体的经验，本团队很快获得了规则的硅藻 FCP 晶体（图 1-2）。然而，FCP 的相位问题是最大困扰。因为 FCP 结合了与蛋白多肽分子量相近的大量色素。本团队成员进行了大量探索和尝试，使用高等植物 LHC 模型进行分子置换和重金属异常衍射都无法解析晶体结构。幸运的是，由于 FCP 含有 4 个甲硫氨酸，而且结合了大

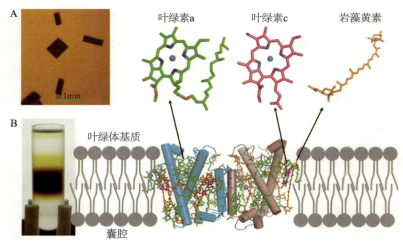

图 1-2　三角褐指藻类囊体膜上的 FCP 二聚体晶体结构

注：A 和 B 为 FCP 蛋白和晶体结构；蛋白中的叶绿素 a（绿色）、叶绿素 c（洋红色）和岩藻黄素　分子结构分别以棍状图显示。

量轻金属"叶绿素镁"和结晶时加入的钙离子，最终通过采集高精度和高冗余度的单波长异常衍射（single wavelength anomalous diffraction，Native-SAD）数据，解析了三角褐指藻 FCP 二聚体的 0.18 nm 分辨率的晶体结构。

在解析外围 FCP 天线结构的基础上，硅藻的 PSⅡ - FCPⅡ复合体需要在液氮和液态乙烷的帮助下，冷冻在玻璃态的冰层中。然后，在 300 kV 的电子显微镜下拍摄蛋白样品的电子投射"照片"，再通过一系列的运算，构建 PSⅡ - FCPⅡ复合体的结构模型。经过近 6 年的攻关，本团队取得了硅藻光合膜蛋白的第一个晶体结构和 PSⅡ - FCPⅡ超大复合体的冷冻电镜结构。两项研究结果都发表在《科学》（Science）杂志上[25, 26]。

2. 硅藻 FCPⅡ二聚体的 0.18 nm 晶体结构

硅藻 FCP 结合有大量的岩藻黄素和叶绿素 c。从所得到的晶体结构可知，每个 FCP 单体中结合了 7 个叶绿素 a、7 个岩藻黄素、2 个叶绿素 c、1 个硅甲藻黄素、一些脂类和去垢剂分子（图 1-2）。2 个叶绿素 c 都结合在叶绿素 a 和岩藻黄素形成的特征性口袋结构中。每个叶绿素 c 分子分别与 2 个叶绿素 a 分子成簇，并与其中 1 个叶绿素 a 分子紧密耦合（图 1-3）。每个叶绿素簇内，叶绿素之间的距离都在 0.35 nm，可以使能量在簇内的叶绿素分子间快速高效地传递。FCP 二聚体内部的叶绿素距离都在 1 nm 之内，从而使激发态能可以在两个单体间达到快速的传递和平衡。每个 FCP 单体结合的叶绿素数量少于 LHCⅡ复合体中的 14 个叶绿素（图 1-4B），而类胡萝卜素的总数达到 8 个，是 LHC 蛋白中的 2 倍（图 1-4C）。

与高等植物 LHC 蛋白相似，FCP 的整体结构具有 3 个典型的跨膜螺旋（分别为 α、β 和 γ）（图 1-3A 和图 1-4A）。在三角褐指藻中形成二聚体的 Lhcf4 具有较短的螺旋 γ，在亚基的碳末端缺失一段序列和膜表面

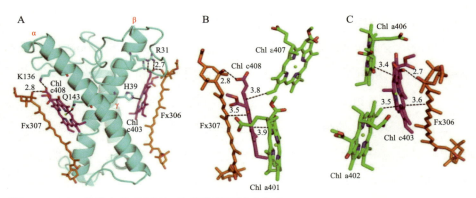

图 1-3　FCP 单体中的叶绿素 c 和岩藻黄素结合位点

注：A. 红色 α ～ γ 为 FCP 蛋白的 3 个跨膜 α- 螺旋结构，α、β 螺旋相互交叉，两侧对称分布着
　　叶绿素 c 和岩藻黄素及与结合的氨基酸侧链；B 和 C. 叶绿素簇与岩藻黄素分子的空间关系。

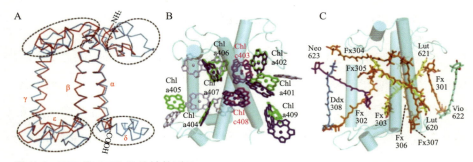

图 1-4　FCP 和 LHC Ⅱ 的结构对比

注：A. Lhcf4 和 Lhcb1 的二级结构差异；α ～ ε 分别为 5 个螺旋结构，蛋白质末端分别标记为
　　NH₂ 和 COOH；B. FCP 结合的叶绿素 a 和叶绿素 c（颜色与图 1-2 相同），LHC Ⅱ 中的叶绿
　　素 a/b 分别用蓝色和银色表示；C. 类胡萝卜素结合位点对比；Ddx 为硅甲藻黄素；Lut 为叶黄
　　素；Vio 为紫黄质；Neo 为新黄质。下同。

的亲水螺旋 δ，所以只有约 18.5 kD 的分子量。Lhcf4 与 Lhca 和 Lhcb 在
γ- 螺旋上的差异使 Lhcf4 能够通过两个单体的 γ- 螺旋之间的相互作用形
成一个同源二聚体。二聚体中两个单体之间的相互作用，是由基质侧膜表
面的两对强氢键（Arg-Ser）和位于跨膜区的大量的疏水作用所介导的。疏
水作用由 2 个叶绿素分子 Chl a406、2 个 Ddx308 和一些疏水残基形成，共
同实现了 FCP 二聚体结构的稳定（图 1-5）。

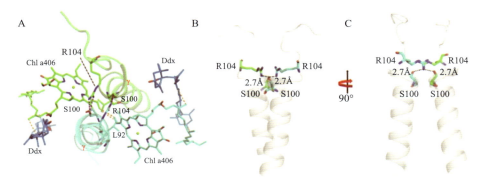

图 1-5　FCP 二聚体的结合方式

注：A. Chl a406 和 γ- 螺旋的氨基酸侧链形成的大范围疏水作用；B 和 C. 类囊体膜表面的 R104 和 S100 侧链形成一对氢键。

　　FCP 与高等植物 LHC 蛋白有很多保守的色素结合位点，但也有明显的差异。硅藻 FCP 中有 3 个新的叶绿素结合位点，分别为 Chl a401/405/409，但没有 LHC Ⅱ 中的叶绿素 b 结合位点（图 1-4B）。FCP 中的 7 个岩藻黄素分子中的 Fx303 和 Fx305 结合在 LHC Ⅱ 中叶黄素的位置，位于 FCP 中两个交叉的跨膜螺旋结构附近，而其他的类胡萝卜素位点则完全不同。大部分的类胡萝卜素分子都以不同的角度插入类囊体膜内部，而 FCP 中的 Fx304 分子几乎水平地结合在基质侧的膜表面。在光合生物的膜蛋白中，这种结合方式第一次被观察到，可能与捕获绿光的功能有关。

　　岩藻黄素是具有共轭羧基的类胡萝卜素，具有很强的溶剂效应，两端的极性蛋白环境是捕获绿光的结构基础。在每个 FCP 单体中，6 个岩藻黄素分子插入光合膜内，只有 1 个新型岩藻黄素分子水平结合在膜表面（图 1-6A）。这增强了类胡萝卜素在捕光天线蛋白中结合方式的多样化，进而增强了其绿光捕获能力。因为 Fx303 和 Fx305 与高等植物的叶黄素相似，结合在完全疏水的膜内蛋白环境中，所以推测吸收光谱红移最少，主要捕获蓝光与绿光（460 ～ 500 nm）。结合在叶绿素 c 尾部的 Fx306 和 Fx307 的两个末端基团都暴露在极性环境下，致使吸收光谱红移至

500 ～ 550 nm，可以帮助硅藻捕获并利用绿光。横向的 Fx304 将两个末端基团都暴露在膜表面，具有较强的亲水性，所以也被称为捕获绿光的岩藻黄素分子。而 Fx301 和 Fx302 只有一个末端基团暴露在类囊体膜囊腔侧（图 1-6A），捕获绿光的能力介于前两类岩藻黄素分子之间。

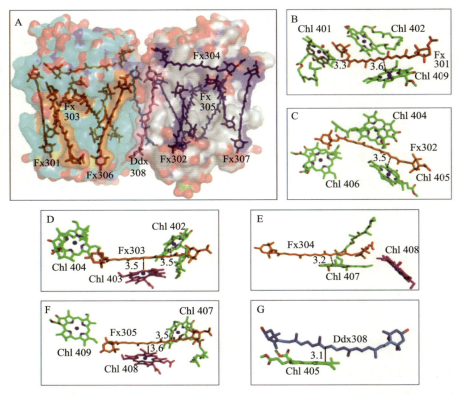

图 1-6　岩藻黄素和硅甲藻黄素在 FCP 二聚体中的蛋白质结合环境（A）以及与叶绿素的空间关系（B ～ G）

FCP 最重要的特点是岩藻黄素与叶绿素比值较高。这使岩藻黄素与叶绿素在蛋白质基质中有着密切的相互作用。事实上，Lhcf4 的高分辨率结构表明，每个叶绿素 a 或叶绿素 c 都与一个或多个岩藻黄素密切相关。每个岩藻黄素被一个或多个叶绿素所包围，岩藻黄素与叶绿素的吡咯头部之

间的 π-π 键相互作用都为 0.4 nm 的距离（图 1–3B 和 C，1–6B ～ G）[25]，这有助于能量更高效地在岩藻黄素与叶绿素之间传递。从叶绿素到岩藻黄素的反向能量转移是一种有效的耗散过剩能量的方法，使 FCP 具有更高的非光化学淬灭（non-photochemical quench，NPQ）能力。从所解析的结构上可看出，Fx306 和 Fx307 获得的能量必须先转移到位于 Fx306/Fx307 和 Chl a406/Chl a401 之间的 Chl c403/Chl c408（图 1–3B 和 C），然后才能转移到叶绿素 a 分子。由于硅藻大多生活在海洋表面快速波动的光环境中，所以在低光照条件下需要有大量的捕光天线蛋白 FCP 来有效地获取能量。然而，当硅藻在短时间内被湍流等带到海洋表层的强光照条件时，大量的 FCP 会吸收太多的光，可能导致光损伤。在这种条件下，通过结合在两个 FCP 单体界面上的 γ- 螺旋附近的硅甲藻黄素（图 1–6A）分子与蛋白质及其他配体的弱相互作用，有利于硅甲藻黄素 – 硅藻黄素循环的发生，进而在高跨膜质子梯度的作用下，发生 FCP 复合物的蛋白结构及色素构象变化，启动硅藻的光保护机制，以避免硅藻的光系统受到损伤。

高分辨率的 FCP 晶体结构首次描绘了叶绿素 c 和岩藻黄素在光合膜蛋白中的结合细节，阐明了叶绿素和岩藻黄素在 FCP 复合体中的空间排布，揭示了叶绿素 c 和岩藻黄素捕获蓝光和绿光、高效传递能量的结构基础。本研究首次揭示了 FCP 二聚体的结合方式，为几十年来硅藻主要捕光天线蛋白聚合状态研究提供了第一个明确的实验证据。

3. PS Ⅱ-FCP Ⅱ 复合体的结构

本团队与清华大学隋森芳研究组合作，利用冷冻电镜技术解析了中心纲硅藻 PS Ⅱ-FCP Ⅱ 超级复合体 0.3 nm 分辨率的结构。结构显示，硅藻的 PS Ⅱ - FCP Ⅱ 超级色素蛋白复合体由 2 个 PS Ⅱ - FCP Ⅱ 单体组成，每个单体由 24 个核心亚基和 11 个外围的 FCP 天线亚基组成，还包含了 230

个叶绿素 a、58 个叶绿素 c、4 个脱镁叶绿素、124 个岩藻黄素、20 个 β-胡萝卜素（β-carotenoid，Bcr）、2 个硅甲藻黄素和锰簇复合物、电子传递体以及大量的脂分子等。二聚体的总分子量超过 1.4 MD（图 1-7）。

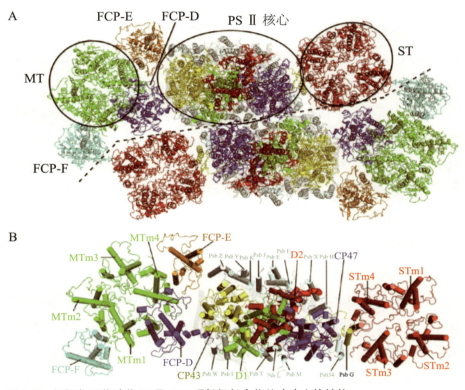

图 1-7　纤细角毛藻硅藻 PS Ⅱ - FCP Ⅱ超级复合物的冷冻电镜结构

注：A. PS Ⅱ - FCP Ⅱ二聚体基质侧俯视图，ST 和 MT 分别表示与 PS Ⅱ核心结合较强的四聚体和综合强度中等的四聚体都由 FCP-A 形成，其中，单体分别为 STm1 ～ 4 和 MTm1 ～ 4，FCP-D、FCP-E 和 FCP-F 分别代表 3 个 FCP 单体亚基；B. PS Ⅱ - FCP Ⅱ单体各亚基组成及排布，核心亚基分别是 D1、D2、CP43、CP47、Psb（E、F、H、I、J、K、L、M、T、W、X、Y、Z）和 Psb 34，外围 FCP 天线亚基分别为 2 个 FCP-A 四聚体和 3 个单体。

硅藻的 PS Ⅱ -FCP Ⅱ类似于高等植物 PS Ⅱ -LHC Ⅱ [20, 21] 的 $C_2S_2M_2$ 超复合体，但与高等植物中发现的三聚体 LHC Ⅱ 不同。硅藻 PS Ⅱ -FCP Ⅱ超复合体的 FCP-A 主要是以四聚体的形式组合。每 1 个 PS Ⅱ -

FCP Ⅱ 包含了 2 个 FCP-A 四聚体和 3 个单体。其中，1 个四聚体结合在 PsbG 边旁并与 CD47 连接，被指定为"紧密结合型的 FCP-A 四聚体"（strongly associated tetramer，ST），由 STm1 ～ STm4 组成；另 1 个四聚体通过 FCP-D 和 FCP-E 连接于 CP43 旁边，称为"中度结合型的 FCP-A 四聚体"（moderately associated tetramer，MT，由 MTm1 ～ MTm4 组成，图 1-7）。3 个 FCP 单体分别为 FCP-D、FCP-E 和 FCP-F。其中，FCP-D 有着极长的 C 末端环，便于连接 CP43，FCP-F 结合在 MT 的外侧。

硅藻 PS Ⅱ 核心复合体由 19 个跨膜亚基和 5 个结合在囊腔侧膜表面的亲水性亚基组成。在跨膜亚基中，有两个新发现的亚基 PsbG 和 Psb34（图 1-7B）。它们介导了 ST 四聚体与 PS Ⅱ 核心的结合。结合在囊腔侧膜表面的 5 个亲水蛋白 PsbQ'、Psb31、PsbO、PsbU 和 PsbV，都属于与放氧反应有关的蛋白质。其中，Psb31 是硅藻特有的外周放氧亚基（图 1-8）；PsbO、PsbU 和 PsbV 与蓝藻 PS Ⅱ 中的相应亚基结合在相同的位置[18, 19]；PsbQ'与红藻[27]和高等植物[20, 21] PS Ⅱ 的 PsbQ 结合位置相似，也具有与 PsbQ 相似的 N 末端结构域。Psb31 的总体结构也与 PsbQ 相似，与 PS Ⅱ -LHC Ⅱ 中的 PsbTn 位于相似的位置，跟 PS Ⅱ 核心的 CP47 和 D2 亚基有密切的相互作用。由于硅藻特有的 Psb31 亚基没有与放氧催化中心锰簇化合物直接结合，主要功能可能是保护锰簇的稳定性并促进水裂解所产生的质子的排出。

4. FCP 捕获天线单体、二聚体和四聚体

从所解析的纤细角毛藻的 PS Ⅱ -FCP Ⅱ 复合物结构可以看出，外周捕光天线分别为 FCP-A、FCP-D 和 FCP-E。它们的结构虽然与已解析的羽纹纲硅藻 FCP 晶体结构相似，但在囊腔侧的 loop 结构域有一些细节差异。它们都具有一段亲水 δ - 螺旋靠近 C 末端（图 1-9A ～ C）。这也是中心纲

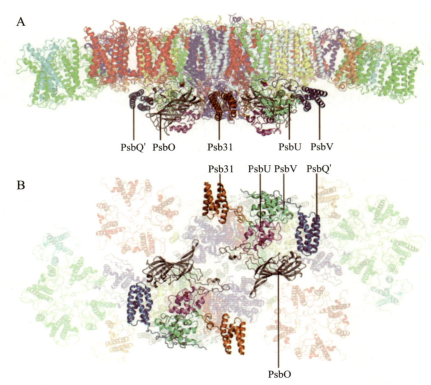

图 1-8　纤细角毛藻硅藻 PS Ⅱ 复合体中的 5 个放氧蛋白亚基的分布

注：A. 侧面图；B. 俯视图。5 个放氧蛋白亚基分别为 PsbO、PsbU、PsbV、PsbQ'和 Psb31。

硅藻 FCP 能形成四聚体的重要原因之一。4 个 FCP-A 蛋白以类似 LHC Ⅱ 三聚体的"头尾相接"方式组装（图 1-9F ～ H）。对 FCP-A 四聚体起到稳定作用的主要是位于基质侧的膜表面 loop 结构域的相互作用。这导致囊腔侧相邻的 FCP-A 单体之间的距离加大。这个空间允许 Fx302/Fx307 和一个脂质分子的配位结合。在 LHC Ⅱ 中，N- 末端的 WYGPDR 氨基酸序列和 γ- 末端的色氨酸（Trp）残基与相邻的 Lhcb 单体形成氢键。这对三聚体的形成至关重要[11]。然而，这段序列在 FCP 中并不存在，而膜两侧的色素 – 色素和色素 – 蛋白质之间的相互作用对形成 FCP-A 四聚体非常关键[26]。这些相互作用与二聚体 FCP 和三聚体 LHC Ⅱ 之间的相互作用是不同的，表明 LHC 超家族中蛋白质亚基存在不同的寡聚状态和高度的灵活性。这可能是为了适应在不同光环境中捕光和光保护作用而发生的进化[28]。

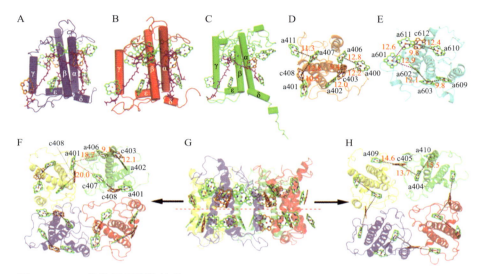

图 1-9　FCP 单体及四聚体结构

注：A ～ C. FCP-A、FCP-E、FCP-D 单体结构及色素排布；D ～ E. FCP-E 和 FCP-D 基质侧叶绿素排布；
　　F ～ H. 强结合型 FCP 四聚体结构及叶绿素排布，F. 基质侧叶绿素的基质侧俯视图，G. 基质
　　侧及腔侧叶绿素侧俯视图，H. 腔侧叶绿素的基质侧俯视图；绿色是 Chl a；橙色是 Chl c；紫色
　　是岩藻黄素；蓝色是硅甲藻黄素。

　　FCP 单体和四聚体中的色素结合位点基本与二聚体中相似，但在 FCP 四聚体中，每个 FCP-A 多结合了 1 个叶绿素分子 Chl a410。它位于类囊体腔侧的膜表面螺旋附近（图 1-9H），有利于能量更高效的传递。FCP-E 连接了 MT 和 PsbZ 亚基，在 FCP-E 与 PsbZ 及 MT 相互作用的界面上分别结合了 2 个额外的叶绿素分子（Chl a400 和 Chl a411）（图 1-9D）。FCP-D 是硅藻中分子量最大的亚基，两个末端结构域都较长，使 FCP-D 能够连接核心亚基和外周的 FCP-A 四聚体。这与高等植物的 CP29 亚基类似。FCP-D 位于反应中心亚基 CP43 以及 2 个 FCP 四聚体形成的三角形区域中（图

1–7），维持着硅藻 PS Ⅱ -FCP Ⅱ二聚体的稳定性。有趣的是，FCP-D 是一个与 PS Ⅰ捕光天线 Lhca 类似的蛋白质，只具有 3 个类胡萝卜素结合位点，分别是 2 个岩藻黄素分子和 1 个硅甲藻黄素分子。

中心纲硅藻 PS Ⅱ -FCP Ⅱ复合物中的 FCP-A/D/E/F 亚基都缺少羽纹纲硅藻 FCP 二聚体晶体结构中位于二聚体界面处的 2 个类胡萝卜素分子 Fx304 和 Ddx308[25]；而在中心纲硅藻 FCP 四聚体中，相邻 FCP 亚基之间的额外叶绿素分子有助于 PS Ⅱ -FCP Ⅱ超级复合体中的能量传递。以上所述的 FCP-A、FCP-D 和 FCP-E 中的亚基结构和色素的差异，导致在 PS Ⅱ -FCP Ⅱ超复合物的组装和能量转移中起着不同的作用。这些差异可能导致能量传递和淬灭的功能差异，从而反映了不同物种间由进化和适应而发生的变化。

5. 硅藻光系统和捕光天线的能量捕获和传递

与高等植物 $C_2S_2M_2$ 型 PS Ⅱ -LHC Ⅱ复合物类似[20, 21]，硅藻 PS Ⅱ -FCP Ⅱ的叶绿素也可以分成基质侧和腔侧两层（图 1–10A）[26]。本研究在 PS Ⅱ - FCP Ⅱ超复合体中发现了 FCP 的不同亚基之间以及 FCP 和 PS Ⅱ 核心之间的叶绿素耦合。例如，FCP-D 中的 Chl a603 ～ a609 二聚体在界面处与 MT 的 Chl a406 耦合，ST 的 Chl a406 在界面处与 PsbG 的 Chl a101 耦合。这些耦合的叶绿素之间的距离小于 0.45 nm，从而提供了从 FCP-MT 和 FCP-ST 到 PS Ⅱ 核心的重要的能量传递途径。由于叶绿素在亚基间界面的多重耦合，在 2 层叶绿素排布网络中都可以发现 FCP 亚基之间以及从 FCP 到 PS Ⅱ 核心的多条能量传递途径。其中，ST 四聚体可以将激发能直接传递给反应中心，而 MT 则需要通过 FCP-E 和 FCP-D 的中介向 PS Ⅱ 核心传递能量。另外，结合在 PS Ⅱ核心复合物的 PsbG、PsbW 和 PsbZ 亚基位于 FCP 和 PS Ⅱ 核心之间的界面上，都结合了重要的叶绿素分子，用于

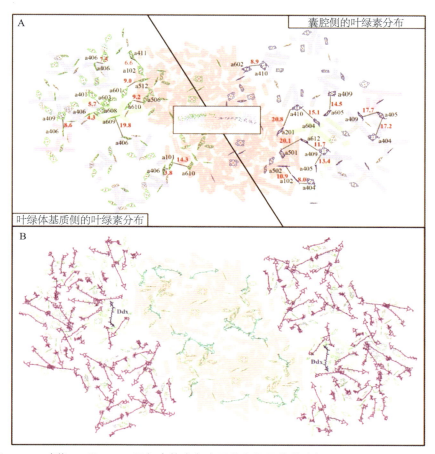

图 1-10 硅藻 PS Ⅱ-FCP Ⅱ 复合体中色素网络和能量传递路径

注: A. 囊腔侧和基质侧色素层的叶绿素分布和能量传递,绿色标示叶绿体基质侧的叶绿素 a,蓝色标示囊腔侧的叶绿素 a,所有的叶绿素 c 为橙色; B. 类胡萝卜素网络,紫色为岩藻黄素,靛蓝色为 β-胡萝卜素,蓝色为硅甲藻黄素。

调节 FCP 向反应中心的能量传递。

　　FCP 捕光天线还结合了大量的岩藻黄素分子。这些分子有些结合在 FCP 内部的叶绿素附近,有些结合在 FCP 亚基之间或 FCP 与 PS Ⅱ 核心亚基的界面上,起着辅助捕光和能量调节的作用(图 1-10B)[26]。这些岩藻黄素有助于把硅藻在弱光条件下吸收的蓝光与绿光有效地转移到叶绿素中，并通过在强光条件下接收附近叶绿素的能量来耗散多余的能量。特别需要注意的是，在 FCP-D 亚基中，Ddx616 结合在叶绿素簇 Chl a602/a603/a609 的附近（图 1-10）。这可能是一个重要的非光化学淬灭位点。由于水层的连续流动，硅藻的生活环境具有高度变化的光强度。这种复杂的叶绿素和类胡萝卜素网络的结合有助于硅藻在水环境中的生存。

硅藻的 PS Ⅱ - FCP Ⅱ 超级复合体的整体结构呈现了特有的 5 种放氧蛋白亚基的结合位点和 FCP 奇特的四聚体形式以及单体的空间排布。这揭示了复杂的色素蛋白网络，从而阐释了复合体内能量传递网络和可能的光保护位点，为阐明硅藻 PS Ⅱ - FCP Ⅱ 复合体高效放氧、高效捕获和利用光能以及高效地适应光强快速变化环境的机制，提供了坚实的结构基础同时，也为光合生物在进化过程中发生的变化提供了重要的新线索。

总结与展望

本研究在国际上首次解析了 FCP 0.18 nm 的高分辨率晶体结构，并进一步解析了 PS Ⅱ -FCP Ⅱ 超级复合体 0.3 nm 的冷冻电镜结构，率先破解了硅藻光合膜蛋白超分子结构和功能之谜。这两项工作破解了国际上几十年来对硅藻光合膜蛋白的认知困惑；对揭示硅藻的光合机理和高光效利用机制提供了理论依据。《科学》（Science）杂志刊发的专题评论[28]，认为这两项研究是光合作用领域的里程碑。新华网、央视网、《中国科学报》《人民日报》和中国新闻网等新闻媒体报道了我国科学家在海洋硅藻光合作用领域取得的世界领先的科研成果。

硅藻和其他类似的海洋光合生物中还有更多的未解之谜、更精细的光合系统和捕光天线蛋白的结构需要解析。比如，中心纲和羽纹纲的硅藻 FCP 二聚体与光系统的结合方式和能量传递之间的关系，光系统 Ⅰ 与捕光天线复合体的结构等。多样化的光合系统和捕光天线超分子结构与功能的解析，将为研究光合生物的不同分支进化提供重要线索，可以为实现光能宽频捕获和快速传递的理论计算提供更多的实验依据，为人工模拟光合作用和改善农作物的光能利用效率提供理论依据。

参考文献

［1］ Blankenship R E. Molecular Mechanisms of Photosynthesis［M］. John Wiley & Sons, 2014.

［2］ Croce R, van Amerongen H. Natural strategies for photosynthetic light harvesting［J］. Nature Chemical Biology, 2014, 10（7）: 492-501.

［3］ Price D C, Chan C X, Yoon H S, et al. *Cyanophora paradoxa* genome elucidates origin of photosynthesis in algae and plants［J］. Science, 2012, 35（6070）: 843-847.

［4］ Falkowski P G, Katz M E, Knoll A H, et al. The evolution of modern eukaryotic phytoplankton［J］. Science, 2004, 305（5682）: 354-360.

［5］ Field C B, Behrenfeld M J, Randerson J T, et al. Primary production of the biosphere: integrating terrestrial and oceanic components［J］. Science, 1998（281）: 237-240.

［6］ Harris G P. Photosynthesis, Productivity and Growth［M］. 1978.

［7］ Falciatore A, Bowler C. Revealing the molecular secrets of marine diatoms［J］. Annual Review of Plant Biology, 2002, 53（1）: 109-130.

［8］ Malviya S, Scalco E, Audic S, et al. Insights into global diatom distribution and diversity in the world's ocean［J］. Proceedings of the National Academy of Sciences, 2016, 113（11）: e1516-e1525.

［9］ Kuczynska P, Jemiola-Rzeminska M, Strzalka K. Photosynthetic pigments in diatoms［J］. Marine Drugs, 2015, 13（9）: 5847-5881.

［10］ Falkowski P G, Chen Y B. "Photoacclimation of Light Harvesting Systems in Eukayotic Algae", in Light-harvesting Antennas in Photosynthesis［M］. Kluwer Academic Publishers, 2003: 423-447.

［11］ Liu Z, Yan H, Wang K, et al. Crystal structure of spinach major light-harvesting complex at 2.72 Å resolution［J］. Nature, 2004（428）: 287-293.

[12] Zhang J, Ma J, Liu D, et al. Structure of phycobilisome from the red alga *Griffithsia pacifica* [J]. Nature, 2017 (551): 57–63.

[13] Jordan P, Fromme P, Witt H T, et al. Three dimensional structure of cyanobacterial photosystem I at 2.5 Å resolution [J]. Nature, 2001 (411): 909–917.

[14] Pi X, Tian L, Dai H E, et al. Unique organization of photosystem I -light harvesting supercomplex revealed by cryo-EM from a red alga [J]. Proceedings of the National Academy of Sciences, 2018 (115): 4423–4428.

[15] Qin X, Suga M, Kuang T, et al. Structural basis for energy transfer pathways in the plant PSI-LHCI supercomplex [J]. Science, 2015 (348): 989–995.

[16] Su X, Ma J, Pan X, et al. Antenna arrangement and energy transfer pathways of a green algal photosystem- I -LHC I supercomplex [J]. Nature Plants, 2019 (5): 273–281.

[17] Qin X, Pi X, Wang W, et al. Structure of a green algal photosystem I in complex with a large number of light-harvesting complex I subunits[J]. Nature Plants, 2019 (5): 263–272.

[18] Umena Y, Kawakami K, Shen J R, et al. Crystal structure of oxygen-evolving photosystem II at a resolution of 1.9 Å [J]. Nature, 2011 (473): 55–60.

[19] Suga M, Akita F, Hirata K, et al. Native structure of photosystem II at 1.95 Å resolution viewed by femtosecond X-ray pulses [J]. Nature, 2015 (517): 99–103.

[20] Su X, Ma J, Wei X. et al. Structure and assembly mechanism of plant $C_2S_2M_2$-type PS II -LHC II supercomplex [J]. Science, 2017 (357): 815–820.

[21] Wei X, Su X, Cao P, et al. Structure of spinach photosystem II -LHC II supercomplex at 3.2 Å resolution [J]. Nature, 2016 (534): 69–74.

[22] Durnford D G, Aebersold R, Green B R. The fucoxanthin-chlorophyll proteins from a chromophyte alga are part of a large multigene family: Structural and evolutionary relationships to other light harvesting antennae [J]. Molecular and General Genetics, 1996 (253): 377–386.

[23] Bhaya D, Grossman A R. Characterization of gene clusters encoding the fucoxanthin chlorophyll proteins of the diatom *Phaeodactylum tricornutum* [J]. Nucleic Acids Research, 1993 (21): 4458–4466.

[24] Gundermann K, Büchel C. "Structure and Functional Heterogeneity of Fucoxanthin-chlorophyll Proteins in Diatoms", in The Structural Basis of Biological Energy

Generation［M］．Springer，2014：21-37.

［25］Wang W，Yu L J，Xu C，et al. Structural basis for blue-green light harvesting and energy dissipation in diatoms［J］．Science，2019，363（6427）：eaav0365.

［26］Pi X，Zhao S，Wang W，et al. The pigment-protein network of a diatom photosystem Ⅱ - light-harvesting antenna supercomplex［J］．Science，2019，365（6452）：eaax4406.

［27］Ago H，Adachi H，Umena Y，et al. Novel features of eukaryotic photosystem Ⅱ revealed by its crystal structure analysis from a red alga［J］．Journal of Biological Chemistry，2016，291（11）：5676-5687.

［28］Büchel C. How diatoms harvest light［J］．Science，2019，365（6452）：447-448.

反刍动物及其特殊性状的进化

陈 垒 王 文

引 言

　　包括长颈鹿、梅花鹿、驯鹿、原麝和牛、羊在内的反刍动物具有独特的性状，如瘤胃、多胃室和多种形状的角。亚里士多德（公元前384～前322年）在《动物志》中专门探讨了反刍动物的角和多胃室的胃[1]。反刍动物中的长颈鹿的长脖子则是拉马克获得性遗传和达尔文自然选择理论[2]争论中的著名案例。黄牛、水牛、牦牛、绵羊、山羊等家养反刍动物则在人类文明的起源和发展中起到了巨大的作用。

　　反刍动物中的鹿科动物特别令人着迷。美国布朗大学的鹿研究专家理查德·戈斯（Richard Goss）教授感叹道："鹿角是如此的不可思议，要不是它们一路进化成了今天的模样，就算是最有想象力的生物学家穷尽他们海阔天空的想象力，也想象不出今天鹿角的样子。"[3]鹿角是哺乳动物中唯一能够每年都完全再生的器官。同时，鹿科动物又有着非常低的癌症发病率[4, 5]，是研究哺乳动物抗击癌症难得的模型。一些鹿科物种，如驯鹿能够适应极端的环境。这些动物的生物节律调控对于人类的维生素 D 和钙代谢，以及睡眠障碍等的研究都具有重要的启示意义。

研究背景

反刍动物是大型陆地哺乳动物中繁衍生息最成功的一类，现有 200 多种，分属 6 个科，即鼷鹿科（Tragulidae）、叉角羚科（Antilocapridae）、长颈鹿科（Giraffidae）、牛科（Bovidae）、麝科（Moschidae）和鹿科（Cervidae）。其中，牛科动物和鹿科动物的种类最丰富。野外观测到的反刍动物多属于这两类。反刍动物的地理分布非常广泛，除南极洲和澳洲大陆以外，反刍动物在其他五个大陆均有广泛分布。特别是在广袤无垠的非洲热带大草原上，角马、羚羊、瞪羚、长颈鹿等混合聚居成世界上最大的野生动物群落。每年 6 月，坦桑尼亚草原上数以百万计的反刍动物会长途跋涉 3000 多千米，上演地球上最壮观的动物大迁徙场面。反刍动物能适应复杂多样的生存环境。包括非洲热带稀树草原上的跳羚和各种瞪羚（属于羚羊亚科），北极地区特有的驯鹿、麝牛；从平原上的角马，到能在高原地区高辐射、低氧环境下纵情奔跑而不会有"高原反应"的藏羚羊、藏原羚和牦牛；从在极端干旱炎热的沙漠里比骆驼更耐饥渴的南非剑羚，到在热带雨林里灵活奔跑的鼷鹿和鹿科精灵。特别是，反刍动物演化出一些极特殊的性状，如多室胃和骨质角。它们是反刍动物独有的、重要的"创新性"器官。多胃室能高效地代谢纤维素，也就是人们常说的"牛吃进去的是草，挤出来的是奶"。鹿科动物的角，有很多神奇的能力，每年都能脱落后再生。

此外，反刍动物还具备一些其他动物没有的特殊能力：叉角羚科和羚羊亚科的动物（如角马、瞪羚）是陆地上跑得最快、耐力持久的哺乳动物。不同种属间，个体体型差异巨大，最小的鼷鹿只有 2.5kg，而非洲的水牛、长颈鹿等体重均超过 1t[6]。

反刍动物在科学上和应用上都如此重要，但关于在科级水平上的进化一直都存在争议，关于独特性状起源、进化的遗传基础的研究更是少之又少。很多科学问题，如多种多样的反刍动物的进化历史是怎样的？它们特殊性状的起源、进化的分子机制是什么？不同反刍动物是如何适应多样的生活环境，甚至是极端的生存条件（如高原和极地）的？

面对这种跨很多物种的动物进化遗传问题，传统生物学研究手段往往束手无策。本研究利用进化基因组学研究手段，对包括反刍动物所有亚科在内的总计 50 多个物种的基因组进行研究，系统整合来自不同物种的遗传因子、基因表达变化、表型适应性等多方面数据，以阐明反刍动物各物种的基因组进化关系。这是对反刍动物及其特殊性状进化进行的有趣而深入的剖析，以期初步揭开反刍动物进化的神秘面纱。

■ 研究内容及成果

1. 反刍动物进化历史的追本溯源

本项目新测定了 47 个反刍动物的基因组序列，结合已发表的一些物种数据，构建了至今反刍动物可信度最高的分子系统演化关系[6]，同时揭示了鹿角快速再生、鹿科动物低癌发生率和驯鹿适应北极地区的很多遗传变异的机制[7, 8]。相关结果于 2019 年 6 月在美国《科学》（Science）上发表了 3 篇研究文章[6-8]。

新的反刍动物进化树阐明了各个类群的进化历史关系（图 2-1），对解析特殊性状进化提供了新的视角。比如，生活在北美洲的叉角羚和生活在非洲的长颈鹿是近亲。这两个物种不仅生活区域隔山跨海，形态也差异巨大。这样的巨大反差，也正是进化研究的迷人之处：不仅体现了大自然的神秘力量，在短暂的时间里造就了如此多样的变化；也一定程度上暗示了

叉角羚和长颈鹿的共同祖先可能经历了大规模的远距离迁徙事件。此外，
还发现麝科动物和牛科动物是近亲，为人们理解角的起源带来了巨大帮
助[6]。此前，关于叉角羚和麝科的分类和进化地位一直长期存在争议。

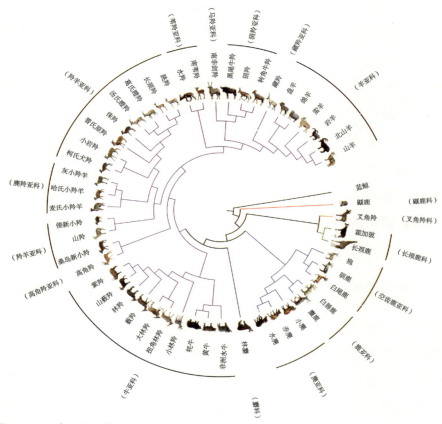

图 2-1　51 个反刍动物的系统发育关系
注：蓝鲸为反刍动物的近缘外群物种，用以确定进化树的祖先方向。

　　全基因组数据不但可以追溯现代反刍动物的亲缘关系，也可以推测在
200 万年内的种群演变历史。通过分析反刍动物各种群的演变历史，发现
一半以上的物种在 10 万年前种群数量就开始大幅度下降。这表明，更新
世末期哺乳动物大灭绝事件可能比之前预估的还要严重。令人非常惊讶的

是，在不同的大陆上，多数反刍动物种群数量减少发生的时间与人类走出非洲后的扩散时间有明显的相关性。这可能反映了人类与反刍动物在 10 万年前就有了交集。人类活动可能是更新世末期反刍动物乃至哺乳动物数量大幅度减少的一个因素[6]。这些结果将有助于人们从新的视角理解环境变化与反刍动物总体生物多样性变化、反刍动物全球分布模式与气候变化、人类活动与栖息地改变等事件之间的相互关系。

2. 反刍动物独特性状的基因组演化痕迹

与其他哺乳动物一样，反刍动物具有各种复杂的生物学特征，但也有一些自己独特的性状。这些独特性状在经历了漫长的自然选择后，其中的变化过程就会在基因组中留下痕迹。通过比较分析基因组的序列就可以看到这些痕迹，从而用来解释独特性状背后的遗传机制。

3. 反刍动物骨质角的起源进化

反刍动物独有的骨质角是动物器官性状"创新"进化史的一个奇迹。角既是它们面对捕猎者的自卫工具，也是同类间争夺配偶和领地的主要工具，但角的存在不利于畜牧生产管理。因此，全球范围内优良的反刍家畜品种都需要无角性状。更特殊的是，鹿科动物的角是哺乳动物中唯一能完全再生的器官，生长速度最快可达每天 2cm，细胞分裂增殖速度可达到癌细胞增殖速度的 30 倍。然而，来自美国的费城和圣地亚哥动物园长期的统计数据却显示，鹿科动物的癌症发病率是其他哺乳动物的 1/5[4, 5]。

本研究通过对有角反刍动物的基因组研究，发现角的发育过程调用了与神经细胞迁移相关基因相似的调控通路，据此推断反刍动物的角具有与神经细胞相同的细胞起源——神经脊干细胞[7]。特别有意思的是，鹿角的快速再生招募了大量原癌基因，同时大量的抑癌基因（如 p53 信号通路的基因）也受到了强烈的自然选择，在调控鹿角快速生长时激活大量抑癌基因。这些基因可能被自然选择出来抑制癌症的发生[7]（图 2-2）。鉴定出的角调控相关基因和调控通路不但能为再生医学和癌症相关研究带来新契机，也能为未来通过基因编辑手段培育无角牛等优良品种提供参考靶点。

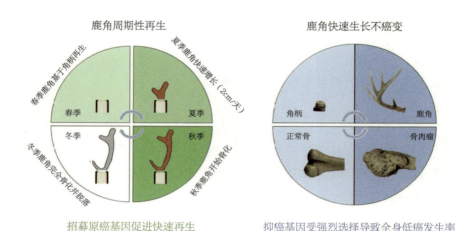

图 2-2   鹿角每年快速再生以及鹿科动物低癌发生率的基因机制

4. 反刍动物多室胃的进化

反刍动物的胃和我们通常理解的胃有较大区别。它有 4 个腔室：瘤胃、网胃、瓣胃和皱胃，其中瘤胃是反刍动物独有的。反刍动物吃的草进入胃后，被瘤胃内的细菌消化发酵，其中的纤维素转化为挥发性脂肪酸（如乙酸和丁酸）进入动物的能量代谢循环。对取自绵羊 50 种组织共 516 个转录组数据的研究显示，瘤胃、网胃、瓣胃的基因表达规律更接近食道。因为它们可能起源于食道的扩展，而皱胃的情况更接近小肠[6]。与其他哺乳动物相比，一些新发现的基因在反刍动物多室胃的进化中可能发挥了关键性作用。比如，在瘤胃中大量表达的与胃壁表皮功能相关的两个基因——小脯氨酸丰富蛋白 II（small proline rich protein type II，*PRD-SPRR*

Ⅱ）和毛透明蛋白（small proline rich protein，TCHHL），可能增强了胃壁的强度[9]，能适应不分昼夜的消化活动。另外，反刍动物还有新形成的多达十几个的溶菌酶 C（lysozyme C，Lyz C）基因拷贝，多数在皱胃中大量表达，促进了反刍动物对微生物能量的回收利用[6]。

5. 反刍动物巨大的体型变化

反刍动物的体型变化巨大，长颈鹿的体型最大，鼷鹿和麝体型较小，而叉角羚、鹿的体型较适中。反刍动物的体型多样性是适应多样性环境的重要策略。生活在广阔热带草原上的反刍动物大多具有较大体型。它们依靠体重、锋利的角和快速的奔跑速度，与肉食捕猎者正面抗争，无惧威胁。生活于森林中的反刍动物多是较小体型的。它们依赖灵活的运动能力和空间障碍来躲避天敌，如鹿科里的麂属动物。研究发现，反刍动物中与骨骼和肌肉细胞分化、发育等过程相关的基因，表达出来的氨基酸发生了变异，如影响肌肉发育的肌肉抑制生长基因（Myostatin，*MSTN*）等[6]。这些基因的特异性改变，很可能就与反刍动物的体型变化紧密相关。

至于反刍动物的其他复杂性状，诸如具有卓越运动能力的叉角羚和羚羊，对基因组的研究发现，一些与线粒体呼吸链相关的基因发生了独特的变异。线粒体呼吸链是动物能量供应的主要生化反应场所。这些变化了的基因可能为叉角羚和羚羊快速奔跑提供了迅速的能量供应[6]。

6. 反刍动物的环境适应能力

反刍动物在世界各地都有分布，能适应多样的生活环境，甚至一些对其他动物而言是"生命禁区"的极端生态环境（如北极圈）。系统基因组的研究表明，反刍动物的代谢和免疫过程相关基因发生了很多变异。比如，与代谢相关的溶菌酶、脂类、糖类、蛋白质的基因经历了扩张、自然选择和快速进化。这些变化可能促进了反刍动物对复杂环境和食物的适应能力，是反刍动物能适应不同大陆的不同生态环境的一个重要原因。与免疫功能相关的干扰素、抗菌肽、丝氨酸蛋白酶抑制剂等基因家族也发生了扩张。特别是白细胞跨内皮转移通路里的很多基因经历了正选择和快速进化。这些都可能增强了反刍动物对复杂环境中病原菌的抵御能力[6, 10]。

一个有趣的问题是，驯鹿为什么能生活在北极地区？在"圣诞节"里频频出镜的驯鹿，是为数不多的能在北极地区生活的大型哺乳动物。北极地区的生存环境恶劣，如冬季气温寒冷和食物贫乏。更特别的是，北极地区没有一天 24h 的昼夜更替，没有"日出而作、日落而息"的生活节律。那么，驯鹿是怎样在这样严酷的环境中生存和维持种群的呢？通过对自然选择信号的分析发现，驯鹿两个与脂肪代谢相关的重要基因——脂蛋白转运（apolipoprotein B，*APOB*）和脂质合成基因（fatty acid synthase，*FASN*），具有特异的变异[8, 11]。脂肪代谢能产生持续的巨大热量，保证驯鹿抵抗北极地区寒冷的气候。北极地区食物稀少，驯鹿维生素 D 代谢通路中的两个关键基因——细胞色素还原酶（cytochrome P450 oxidoreductase，*POR*）和 25-羟基维生素 D3 羟化酶［25-hydroxyvitamin D3-1-α-hydroxylase，编码的基因为细胞色素 P450 27 家族 B 亚家族成员 1（cytochrome P450 family 27 subfamily B member 1，*CYP27B1*）］，也受到了强烈的自然选择，且驯鹿这两个基因所编码的酶的活性比山羊和狍子的高很多。这可能使驯鹿对钙的吸收能力大大增强，满足了驯鹿正常生命活动乃至繁殖过程中对维生素 D 的需求（图 2-3A）。本研究还发现一个驯鹿角生长关键基因——细胞周期蛋白 D1（cell cyclin D1，*CCND1*）。该基因上游增加了一个雄性激素受体结合区域。这可能有助于雄性驯鹿在更低雄性激素水平下长角（图 2-3B）。此外，驯鹿的昼夜节律（即生物钟）通路中核心调控基因（period 2，*PER2*）发生了特异性突变，导致 *PER2* 基因与另一个节律核心基因——隐色素昼夜调节因子（cryptochrome circadian regulator 1，*CRY1*）无法结合，使驯鹿丧失了昼夜节律生物钟，能适应北极地区极昼和极夜的环境（图2-3C）[8]。此外，驯鹿中与神经嵴细胞发育、迁移和分化相关的基因受到了选择、快速进化或特异性突变。目前的研究表明，所有影响驯化重要特征的细胞都来源于发育中的胚胎的一小丛细胞——神经嵴细胞，这很可能是驯鹿温顺的原因[8]。

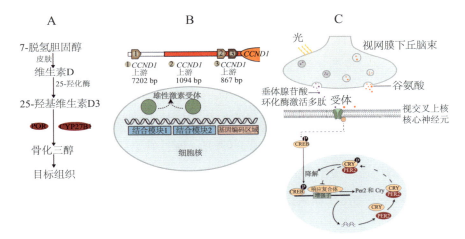

图2-3 驯鹿维生素D代谢、雌性长角和缺乏昼夜节律的基因基础
注：A. 驯鹿维生素D代谢通路中的POR和CYP27B1蛋白发生特异性突变过程示意；B. 驯鹿的 *CCND1* 基因上游出现与雄性激素受体结合的区域过程示意；C. 驯鹿丧失昼夜节律生物钟的过程示意，CAMP反应元件结合蛋白1（CAMP responsive element binding protein1, CREB）。

上述研究结果有助于人们对极地动物适应极地恶劣环境的机制进行更全面和深入的了解，也为解决一些人类健康相关问题，如骨质疏松症和睡眠障碍的防治，提供了重要的线索。

总结与展望

反刍动物的系统基因组学研究是一个大规模的系统研究方法。本研究首次将该方法应用于哺乳动物的研究中，为哺乳动物重要类群的系统研究提供了一个非常有价值的示例和参考。相关性状多样性的研究，也从分子水平上充分揭示了反刍动物多样性演化的遗传机制。研究结果为未来反刍动物乃至哺乳动物和人类健康的研究，提供了珍贵的数据和参考。

然而，针对这一类重要动物，尚有不少重要问题有待解决。例如，反刍动物染色体数目和结构进化的遗传机制和性状表达；反刍动物各科新遗传元件的精细鉴定和功能验证；特殊动物的适应进化机制、功能基因鉴定和医学临床应用，如长颈鹿科动物的长脖子与高血压，鹿科动物的低癌症发生率等。未来对反刍动物的研究，将通过获得更高质量的基因组数据开展比较基因组学的研究，并结合实验验证重要基因的功能；通过获得更多样品的群体数据，来促进野生反刍动物进化和保护生物学的研究，同时将结果应用于家畜经济性状鉴定和改良的研究；通过借鉴反刍动物的特殊能力建立重要的疾病、医学研究模型（如高血压、再生医学、抗癌等研究模型），开展人类生物医学研究。

参考文献

[1] 亚里士多德. 动物志［M］. 吴寿彭，译. 北京：商务印书馆，2010.

[2] Darwin C. On the Origin of Species by Means of Natural Selection, or the Preservation of Favoured Races in the Struggle for Life（1st ed.）［M］. London：John Murray，1859.

[3] Lamarck J B. Zoological Philosophy：An Exposition With Regard to the Natural History of Animals［M］. Chicago：University of Chicago Press，1984.

[4] Lombard L S, Witte E J. Frequency and types of tumors in mammals and birds of the Philadelphia Zoological Garden［J］. Cancer Research，1959（19）：127–141.

[5] Griner L A. Pathology of Zoo Animals. A Review of Necropsies Conducted Over a Fourteen Year Period at the San Diego Zoo and San Diego Wild Animal Park［M］. California：Zoological Society，1983.

［6］ Chen L，Qiu Q，Jiang Y，et al. Large scale ruminant genome sequencing provides insights into their evolution and distinct traits ［J］. Science，2019，364（6446）：eaav6202.

［7］ Wang Y，Zhang C Z，Wang N，et al. Genetic basis of ruminant headgear and rapid antler regeneration ［J］. Science，2019，364（6446）：eaav6335.

［8］ Lin Z S，Chen L，Chen X Q，et al. Biological adaptations in the Arctic cervid，the reindeer（*Rangifer tarandus*）［J］. Science，2019，364（6446）：eaav6312.

［9］ Jiang Y，Xie M，Chen W B，et al. The sheep genome illuminates biology of the rumen and lipid metabolism ［J］. Science，2014，344（6188）：1168-1173.

［10］ Dong Y，Xie M，Jiang Y，et al. Sequencing and automated whole-genome optical mapping of the genome of a domestic goat（*Capra hircus*）［J］. Nature Biotechnology，2012，31（2）：135-141.

［11］ Li Z P，Lin Z S，Ba H X，et al. Draft genome of the reindeer（*Rangifer tarandus*）［J］. Gigascience，2017，6（12）：1-5.

哺乳动物的裸眼红外视觉

胡佳希　鲍　进　薛　天

引　言

　　世界是彩色的。颜色不仅能够传递信息，还可以塑造人类的感官。然而，人眼所能看到的颜色非常有限，只能对波长范围在 400 ~ 700nm 的电磁波产生响应。而我们生活的空间中，电磁波的波长范围远远大于可见光的范围。人类从诞生之日起就对世界充满了好奇，不断尝试突破自身的感知极限，去探索世界。如何突破感知的色彩（波长）极限？如果我们看到了更多的颜色，对世界的认知会有哪些改变？

　　现代纳米科技不断地给人类带来惊喜。纳米技术和生物医学的合作也在人类健康领域突破着重重极限。上转换纳米颗粒（photoreceptor binding upconversion nanoparticles，pbUCNPs）可以将长波长的光转变成短波长的光，为人类感知可见光之外的红外线带来契机。如何将纳米材料与生命系统整合？如何验证红外视觉的可能性？脑科学工作者发挥聪明才智，让实验室的模式动物小鼠获得了裸眼红外视觉。

🔲 研究背景

对于包括人类在内的哺乳动物来说，成像视觉都是重要的感觉输入之一。这对于食物获取、交配、辨别方位、躲避天敌等生命活动具有重要作用。在大多数脊椎动物中，主要存在两类光感受器细胞——视杆细胞（rod）和视锥细胞（cone）。这两类细胞介导动物的成像视觉。视杆细胞对暗环境中的弱光比较敏感，形成动物的暗视觉。视锥细胞对于白昼的明场光比较敏感，形成动物的明视觉。

人类的成像视觉能够感知光的波谱范围为 400 ～ 700 nm，我们称之为可见光[1-3]。成像视觉感光波谱的范围是由视杆细胞和不同种类视锥细胞的敏感波谱范围决定的。视杆细胞虽然对弱光敏感，但是对波谱的编码能力较弱，主要感知波谱峰值为 498 nm 的光波。人眼中有 3 类视锥细胞，即为感知长波长（long wavelength，L-cone）的视锥细胞、感知中波长（middle wavelength，M-cone）的视锥细胞和感知短波长（short wavelength，S-cone）的视锥细胞。L-cone（波谱峰值为 564 nm）、M-cone（波谱峰值为 534 nm）、S-cone（波谱峰值为 420 nm）感光波谱覆盖了人类的成像视觉感光波谱范围。在小鼠等啮齿类哺乳动物眼中，只有 L-cone 和 M-cone 的存在。因此，小鼠的最大感光波长约为 650 nm。电磁波的波长略微长一些，就是人的眼睛看不到的红外线（波长为 700 nm ～ 1 mm），再长一点就到了通常所说的微波（波长为 1 mm ～ 1 m）和无线电波（波长 >1 m）。短一点就会进入紫外线（波长为 10 ～ 400 nm）、X 射线（0.01 ～ 10 nm）以及 γ 射线（波长 <0.01 nm）的范围。这些电磁波都是无法被人的眼睛所感知的。因此，相比异常丰富的电磁波频谱，人类的眼睛能看到的实际上是非常有限的。

因为大于 700 nm 的红外光的光子能量较低，所以要感知该波段的光，感光蛋白势必要降低能量阈值，会引起很大的热力学噪声[4-7]。因此，没有哺乳动物的光感受器细胞能够感知红外光。也就是说，哺乳动物不能将红外光投射到大脑中，形成红外光图像视觉。个别动物如蛇类，对红外线的感知其实是来源于热觉感知，而并非直接感受红外光子，所以成像分辨率很低。

显然，更丰富的成像视觉感光波谱，对包括人在内的哺乳动物的生存具有重要作用。于是，借助仪器（如红外成像仪、夜视仪等）来拓展视觉，对于基础科学以及人类现代文明和军事等方面的发展有很大的推动作用。那么，是否有其他的方法来帮助我们不依赖仪器就可以突破现有的视觉成像限制呢？

纳米颗粒与生物系统的成功整合，加速了基础科学发现及其在生物医学中的应用[8, 9]。为了开发这种目前自然状态下不存在的能力，设计用于与哺乳动物（包括人类）亲密接触的微型纳米设备和传感器越来越引起人们的兴趣。本研究研发了一种可以注射到眼睛里的内置近红外光"纳米天线"，可以将哺乳动物的视觉光谱扩大到近红外范围[10]。这些与视网膜光感受器结合的上转换纳米颗粒可以作为一种微型能量传感器，吸收哺乳动物看不见的近红外光，并将它上转换成短波可见光，从而实现人们期望的裸眼近红外视觉。

■ 研究目标

由于目前哺乳动物（包括人类）的眼睛能看到的光谱范围的局限性，人们开始思考是否有方法能够帮助哺乳动物突破这种视觉极限。2011 年，美国约翰·霍普金斯大学的科学家推断，动物眼睛里负责感光的蛋白质

（叫作视蛋白），完全不可能进化出检测红外光的能力。为了突破这种生物体本身的视觉系统极限，本团队摒弃了基因手段技术，转而采用纳米材料改造生物学的方法，在现有的视觉系统基础之上，将可以把近红外光转化成绿色可见光的纳米颗粒材料植入小鼠视网膜，研究生物相容性并检测功能，最终实现在纳米颗粒辅助下对近红外光的感知和近红外图像视觉。

■ 研究内容

中国科学技术大学生命科学与医学部薛天教授研究组与美国马萨诸塞大学医学院（University of Massachusetts Medical School）韩纲教授研究组、马玉乾博士等合作在《细胞》（*Cell*）杂志上发表了题为 *Mammalian Near-Infrared Image Vision through Injectable and Self-Powered Retinal Nanoantennae* 的研究论文。论文结合视觉神经生物医学与创新纳米技术，首次在动物身上实现了裸眼近红外光感知和红外图像视觉。

1. 上转换纳米颗粒材料的设计及其生物相容性

在光照条件下，人的眼睛对 550 nm 波长的可见光最为敏感[11, 12]。为了将近红外光转换成这个波长，我们制备了核壳结构的上转换纳米颗粒。如果用 980 nm 波长的近红外线照射这些颗粒，它们就能发射出 535 nm 波长的绿色光波[13, 14]。我们进一步将这种材料与一种特殊的蛋白质分子刀豆球蛋白质 A（concanavalin A，ConA）连接。这种特殊的蛋白质分子能够识别视网膜感光细胞膜表面的糖蛋白，通过与糖蛋白的共价结合，牵引着纳米颗粒紧紧吸附在视网膜感光细胞的表面。将处理后的纳米颗粒注射到小鼠视网膜内，纳米颗粒能够紧密地附着在视椎和视杆细胞的感光层，形成一层"纳米天线"，并且依旧具有上转换的能力。相反，没有经过蛋白质修饰的纳米颗粒注射到眼球中之后，不会很好地与感光细胞结合。这样，既降低了近红外光的感光效率，同时在视网膜内停留的时间也小于蛋白质修饰的纳米颗粒。

我们通过视网膜生理检测的标准实验方法证明，与只注射磷酸缓冲液（phosphate buffer solution，PBS）的对照组小鼠相比，注射这种纳米颗粒并不会对小鼠视网膜造成明显的损伤（包括视网膜结构、视网膜核层数量和感光细胞数量）。所有的注射造成的视网膜下腔的不良反应都会在注射两周之后完全消失。并且实验证明，这种纳米材料在注射至小鼠眼球之后，依旧能够保持原有的将近红外光吸收转化为绿光的物理性质（图3-1）。

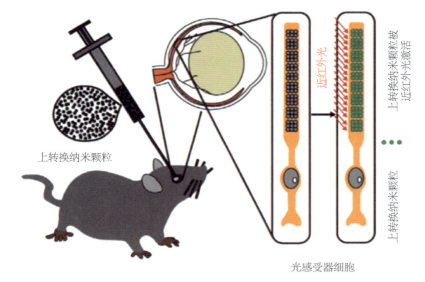

图3-1　上转换纳米颗粒与视网膜结合示意
注：经过小鼠视网膜下腔注射，上转换纳米颗粒可以均匀地分散在小鼠视网膜下腔，锚定结合在小鼠视网膜光感受器外端[15]。

2. 检测上转换纳米颗粒在视网膜内与视网膜感光细胞的功能联结

证实了这种纳米颗粒具有良好的生物相容性后，我们便测试了小鼠的感光细胞能否在这种纳米颗粒的帮助下被近红外光激活。我们对注射过上转换纳米颗粒的小鼠以及对照组小鼠进行了体外感光细胞光电生理记录实验，发现注射了上转换纳米颗粒的小鼠对可见光和近红外光都可以产生反应（图 3-2）。此外，为了测试这种纳米颗粒的在体功能，我们对小鼠进行了体视网膜电图（electroretinogram，ERG）检测。结果表明，在 980 nm 的近红外光照下，实验组小鼠与可见光诱导小鼠的 ERG 响应相似，而未注射的对照组小鼠则对近红外光没有任何响应。

3. 测量上转换纳米颗粒植入后的小鼠红外视觉能力

首先，为了检测上转换纳米颗粒注射后的小鼠能否真正看到近红外光，我们进行了瞳孔光反射实验（pupillary light reflex，PLR）[16]。结果，注射上转换纳米颗粒的小鼠瞳孔在 980nm 光照下表现出强烈的收缩，而对照组小鼠则完全没有反应。

接下来，为了测试注射上转换纳米颗粒的小鼠能否有意识地感知近红外光，我们进行了小鼠明暗箱和光诱导的条件性恐惧行为学实验。在明暗箱实验中，小鼠可以自由穿梭于一明一暗的两个箱子（一般状态下，小鼠更偏好待在暗箱里）。当我们把明箱的照明灯换成近红外光源时，注射上转换纳米颗粒的小鼠明显表现出对暗箱的偏好，而对照组小鼠则没有明显的偏好。这说明，注射过上转换纳米颗粒的小鼠能够接收近红外光的信号，而未注射的小鼠则把两个箱子都当作暗箱来对待。在光诱导的条件性恐惧行为学实验当中，注射上转换纳米颗粒的小鼠能够对近红外光刺激表现出明显的恐惧反应，而对照组小鼠只能对可见光表现出恐惧的行为。这一系列的行为学实验表明，下腔注射上转换纳米颗粒的小鼠能够接收并感知近红外光信号。

之后，我们探索了这种小鼠近红外成像的视觉能力。一般来说，视

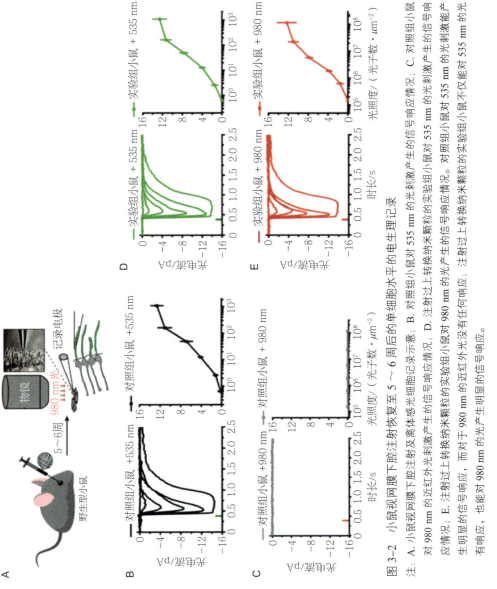

图 3-2 小鼠视网膜下腔注射恢复至 5 ～ 6 周后的单细胞水平的电生理记录

注：A. 小鼠视网膜下腔注射及离体细胞记录示意；B. 对照组小鼠对 535 nm 的光刺激产生的信号响应情况；C. 对照组小鼠对 980 nm 的近红外光刺激产生的信号响应情况；D. 注射过上转换纳米颗粒的实验组小鼠对 535 nm 的光刺激产生的信号响应情况；E. 注射过上转换纳米颗粒的实验组小鼠对 980 nm 的光产生的信号响应。对照组小鼠对 535 nm 的光刺激能产生明显的信号响应，而对于 980 nm 的近红外光没有任何响应；注射过上转换纳米颗粒的实验组小鼠不仅对 535 nm 的光有响应，也能对 980 nm 的光产生明显的信号响应。

觉图像感知与视觉皮层的激活有关。我们进行了视觉诱发电位（visually evoked potential，VEP）的实验，发现在 980 nm 的光线照射下，注射上转换纳米颗粒的小鼠视觉皮层对 VEP 有响应，而对照组小鼠则没有响应，说明近红外光引起了视皮层的电活动。

最后，我们利用 Y 形水迷宫实验检测注射上转换纳米颗粒的小鼠能否获得近红外光模式下的图像识别能力。Y 行水迷宫两端各有一个由发光二极管（light emitting diode，LED）组成的图案。迷宫的一端有一个隐藏的平台，小鼠能够借由这个平台从水中出来。由于小鼠不喜欢待在水中，被放入水迷宫的小鼠会努力寻找逃生平台。我们通过不同的可见光图像来训练小鼠，随机地将竖直和水平的光栅图像安放到通道两端，而隐藏的平台总是在竖直的图像下。经过几轮训练之后，小鼠了解到竖直图像与平台间的关联，再次进入水迷宫后能够迅速地向竖直光栅图像通道游去并找到平台。在所有小鼠均学会竖直图像与平台间的关联后，我们将水迷宫两个通道尽头的图案换成近红外光图案。此时，只有注射了上转换纳米颗粒的小鼠可以迅速找到隐藏平台，而对照组小鼠由于看不到红外光就只能随机地在水迷宫四处游动。当我们将竖直和水平的光栅图像换成三角—圆圈等其他图像，也能够得到相同的结论。这些行为学实验证明，注射了上转换纳米颗粒的小鼠确实可以识别近红外光图像（图 3-3）。此外，我们也通过 Y 形水迷宫的实验证明了，注射上转换纳米颗粒之后并不会影响小鼠的正常可见光视觉，小鼠是可以同时看见可见光与近红外光的。

发展前景与展望

由于感光蛋白的物理化学特性，对于波长大于 700 nm 的近红外光，人眼是无法感知的，同时色盲也是由视网膜感光细胞感光光谱缺陷导致的

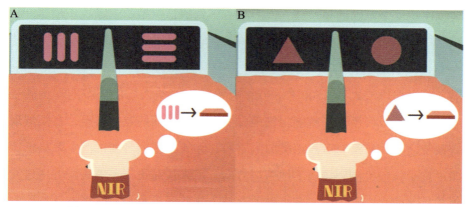

图 3–3　注射了上转换纳米颗粒的小鼠能够实现近红外图像的判断过程示意
注：A. 注射上转换纳米颗粒的小鼠对近红外光光栅的判断；B. 注射上转换纳米颗粒的小鼠对近红外光图片的判断。

疾病。薛天课题组同材料科学家合作改造上转换纳米颗粒，赋予小鼠精细近红外图像视觉，而且这种近红外视觉能力与可见光常规视觉完全兼容。这是首次在哺乳动物中实现裸眼近红外光感知和近红外视觉。此项突破不仅可以增强视觉能力，通过调整材料吸收和发射光谱可应用于感光光谱范围缺陷的色盲疾病。感光细胞外段的靶向锚定技术也可为定点药物递送提供新的手段。

　　从技术路线上说，这项研究是为了改造小鼠的视觉系统，模拟出夜视仪的效果。这套仿生系统使用起来当然要比笨重的夜视仪方便多了，不需要电池也不用怕损坏。更有意思的是，这套系统允许我们做各种各样的个性化设计。理论上说，只需要改变纳米材料的设计，就能制造出不同的光转换效果：你想在夜晚看到绿色还是蓝色，悉听尊便。还有，通过调节纳米材料的设计，应该也可以控制它们在眼球中工作的时间：从一晚有效到终身有效，可能都不是难事。

　　其实，本研究结果可以拓展到其他很多感觉系统当中。比如，我们知道人类听觉系统的收音范围是 $20 \sim 2 \times 10^4$Hz。频率低于这个范围的次声波和高于这个范围的超声波，人类是听不到的，但是像蝙蝠、长颈鹿、蓝鲸这些动物却可以。我们有没有可能微调一下耳朵当中的听觉感受器，让人能直接听到超声和次声？人类的鼻子里有大约 400 个不同的嗅觉感受器，而老鼠则有超过 1500 个。我们有没有可能给人增加更多的嗅觉感受器，让人可以仅用鼻子就能轻松地分辨每一位亲朋好友？甚至，在拓展现有系统之外，有没有可能用类似的手段，为人脑植入全新的感觉系统？比如，鸽子能够检测到微弱的地磁场方向，用来长途飞行；电鳗能够通过发射并且接收水中电场的方向来彼此交流。这些系统有没有可能被迁移到人脑的输入接口上去？这些都是未来可以开展的技术突破方向。

研究成果

我们设计出了一种可以进行眼球注射的上转换纳米颗粒。它能够稳定地结合在视网膜中的光感受器细胞外端。这种上转换纳米颗粒材料具有良好的生物相容性，不会对视网膜造成损伤，能使小鼠感受到近红外光，并且能够实现近红外光的图像视觉。这种近红外视觉可以与正常光视觉兼容并存。这种方法为哺乳动物的视觉修复以及拓展生物极限提供了新的思路。

参考文献

［1］Dubois E. The Structure and Properties of Color Spaces and the Representation of Color Images［M］. VT：Morgan & Claypool Publishers, 2009.

［2］Wyszecki G, Stiles W S. Color Science：Concepts and Methods, Quantitative Data and Formulae［M］. American：John Wiley and Sons, 1982.

［3］Schnapf J L, Kraft T W, Nunn B J, et al. Spectral sensitivity of primate photoreceptors

［ J ］. Vis. Neurosci., 1988（1）: 255–261.

［4］ Ala-Laurila P, Albert R J, Saarinen P, et al. The thermal contribution to photoactivation in A2 visual pigments studied by temperature effects on spectral properties ［ J ］. Vis. Neurosci., 2003（20）: 411–419.

［5］ Baylor D A, Matthews G, Yau K W. Two components of electrical dark noise in toad retinal rod outer segments ［ J ］. J. Physiol, 1980（309）: 591–621.

［6］ Luo D G, Yue W W S, Ala-Laurila P, et al. Activation of visual pigments by light and heat ［ J ］. Science, 2011（332）: 1307–1312.

［7］ St George R C C. The interplay o light and heat in bleaching rhodopsin ［ J ］. J. Gen. Physiol., 1952（35）: 495–517.

［8］ Desai N. Challenges in development of nanoparticle-based therapeutics ［ J ］. AAPS J., 2012（14）: 282–295.

［9］ Mitragotri S, Anderson D G, Chen X, et al. Accelerating the translation of nanomaterials in biomedicine ［ J ］. ACS Nano., 2015（9）: 6644–6654.

［10］ Desai N. Challenges in development of nanoparticle-based therapeutics ［ J ］. AAPS J., 2012（14）: 282–295.

［11］ Bieber M L, Volbrecht V J, Werner J S. Spectral efficiency measured by heterochromatic flicker photometry is similar in human infants and adults ［ J ］. Vision Res., 1995（35）: 1385–1392.

［12］ Boynton R M. History and current status of a physiologically based system of photometry and colorimetry［ J ］. J. Opt. Soc. Am. A Opt. Image Sci. Vis., 1996（13）: 1609–1621.

［13］ Mai H X, Zhang Y W, Si R, et al. High quality sodium rare earth fluoride nanocrystals: controlled synthesis and optical properties ［ J ］. J. Am. Chem. Soc., 2006（128）: 6426–6436.

［14］ Wu X, Chen G, Shen J, et al. Upconversion nanoparticles: a versatile solution to multiscale biological imaging ［ J ］. Bioconjug. Chem., 2015（26）: 166–175,.

［15］ Ma Y, Bao J, Zhang Y, et al. Mammalian near-infrared image vision through injectable and self-powered retinal nanoantennae ［ J ］. Cell, 2019, 177（2）: 243–255.

［16］ Xue T, Do M T H, Riccio A, et al. Melanopsin signalling in mammalian iris and retina ［ J ］. Nature, 2011（479）: 67–73.

让基因编辑安全无虞

杨 辉

引 言

　　1993 年，上映的《侏罗纪公园》讲述了一个有关恐龙被复活的故事。恐龙灭绝于 6300 万年前。在虚构的影片中，人类凭借强大的基因技术从史前蚊子体内的恐龙血液中提取出恐龙基因，从而复活了一大批恐龙。在紧随其后的续集 2～5 中，复活的某些恐龙不仅在短时间内进化出了语言，提高了智商，甚至在不怀好意的科学家操控下产生了"混血"恐龙，完成了跨生殖隔离的基因交换，随即产生了攻击性"爆表"的变异暴龙，让整个人类为之颤抖。

　　事实上，且不说仅凭一点点封印在琥珀中的血液就复活一系列恐龙物种的可能性有多渺茫，单单谈后来因变异暴龙体内含有迅猛龙的基因就能让迅猛龙对它化敌为友，这在当时并没有那么容易。可以肯定的是，两个物种能交流，并发现是"自己人"，这就涉及了众多基因，而目前还没有一次性大批量基因转移的方法，更不要说识别功能需要配套的高级大脑结构了。

　　巧合的是，这 5 部电影横跨的几十年，恰恰也伴随了基因编辑技术的发展。从 1994 年第一代核酸酶（meganuclease）技术的出现，到第二代锌指核酸酶（zinc finger nuclease，ZFN）和转录激活样效应因子核酸酶（transcription activator-like effector nuclease，TALEN）技术的普及，基因编辑技术经历了不算漫长但效率和精准度都异常艰难的 20 年。2012 年，第三代基因编辑技术 CRISPR/Cas 的问世为基因编辑带来了质的飞跃。目前，基因编辑技术已经可以简易、高效地在活细胞内对基因组单个位点或多个位点进行编辑。同时，以 CRISPR/Cas 技术为基础发展起来的其他相关技术，如单碱基编辑等，为生物学研究、疾病发生发展机制研究和疾病治疗提供了强有力的工具。

研究背景

基因是位于染色体上的 DNA 片段。编码生命的奥秘就藏在组成 DNA 的 4 种碱基（A、T、G 和 C）排列组合成的长长字符串中。人类基因组中约含有 31.6 亿个 DNA 碱基对。CRISPR/Cas 是被广泛关注的新一代基因编辑工具，自从 2012 年被发现以来，一直以高效性和特异性备受世人期待。学术界普遍认为，基于规律成簇的间隔短回文重复和相关的蛋白 9（clustered regularly interspaced short palindromic repeats/CRISPR-associated protein 9，CRISPR/Cas9）及其衍生工具的临床技术将为人类的健康做出巨大贡献[1]。CRISPR/Cas9 原本是病毒的防御系统，被科学家开发并优化成重要的基因编辑工具。简单地说，它由两部分组成：其一是单链向导 RNA（single guide RNA，sgRNA）。它一头序列固定，可以与 Cas9 结合；另一头是可变区。该可变区设计好后就可以去浩瀚的基因组中寻找与它完全匹配的序列。其二是 Cas9。它具有切断 DNA 双链的活性。当它与 sgRNA 结合后，就可以切割与 sgRNA 完全匹配的 DNA 序列。这样，sgRNA 指向哪段 DNA 序列，Cas9 就切割哪段 DNA 特定序列，从而让 DNA 双链断裂（图 4-1）。

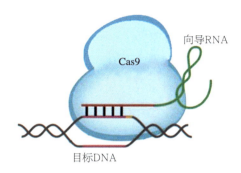

图 4-1　CRISPR/Cas9 系统

注：sgRNA 红色部分为可变区，此时已经与目标 DNA 区域结合；sgRNA 绿色部分为与 Cas9 结合位置；蓝色部分为 Cas9，本质是 DNA 内切酶，具有双链切割活性，此时已经开始行使功能，会在与 sgRNA 红色区域匹配的 DNA 上进行切割。

　　DNA 一旦在目的位点断裂，想做什么就比较容易了。如果对断裂处放任不管，机体就会启动修复机制，开始不惜一切代价黏合缺口。在这种危急时刻，细胞往往不会像分裂时那样严谨——能接上才是目的，至于多几个、少几个、错几个碱基都很正常。此时，引入的插入 / 缺失突变就有一定概率会导致基因敲除。如果想要获得目的突变类型，就需要给细胞一个较短的修复模板。这样，机体就可能发生与模板一致的修复。利用这一特征，研究人员可以设计特定模板，对基因做任意修改。如果想插入一个外源基因，就需要给一个包含外源基因的片段（外源基因两端需加上缺口两端的同源序列）。这样，机体就可能将该外源基因整合到缺口处——基因敲入就发生了。

　　CRISPR/Cas9 的功能远不止于此。在它的基础上发展起来的基因激活、沉默、敲低和单碱基编辑器等衍生技术更是为农业、医药等行业带来了强大的工具。其中的单碱基编辑器是在 CRISPR/Cas9 系统里引入脱氨酶，使胞嘧啶脱氨酶可以与细胞核里单链状态的 DNA 结合，催化单链 DNA 中的 C 转变为 T，将胞嘧啶脱氨酶融合到突变后失去 DNA 双链切割活性的 Cas9 上。在 sgRNA 的指导下，突变的 Cas9 携带脱氨酶，在基因组相应位点不切割双链 DNA 的情况下，让碱基直接发生 C 到 T 突变[2-4]。这直接消除了机体因 DNA 双链断裂产生的毒性反应。另外一项单碱基编辑器 ABE（在突变的 Cas9 上融合了一个腺嘌呤脱氨酶）可以精确地引入由 T/A 到 C/G 的点突变。单碱基编辑器对于因基因突变导致的遗传疾病的治疗意义重大。90% 的罕见病无药可治，而单碱基编辑技术可以在不切割双链 DNA 情况下，实现非常高精度的编辑。因此，单碱基编辑技术相继成为脊髓性肌营养不良、地中海贫血、血友病、视网膜黄斑变性、遗传性耳聋等罕见病基因治疗的热门工具之一。

　　基因编辑也有两面性。除高效、便捷之外，它的脱靶风险一直备受关注。如果将它用于临床，脱靶效应可能会引起包括癌症在内的很多种不良反应。何为脱靶？即在对致病基因修正的同时，不小心破坏了其他正常基因。如果这个位点恰好是重要基因（如抑癌基因等），则后果非常不利。现有的局面是：一方面该技术的临床化应用呼声很高，另一方面该技术的安全性莫衷一是。因此，需要进行全方位的脱靶效应检测[6]，才能有底气将该技术推向临床。然而，进行脱靶检测最普遍也是大家传统上都认可的做法是，在全基因组序列中寻找与靶向序列相似的序列，之后进行合理的计算与预测，选出最具有脱靶可能性的 10～15 个位点，基因编辑结束后对这些位点进行检测。如果这些位点发生了突变，则证明脱靶了[5-8]。这样，检测的结果完全依赖于计算机软件预测聚焦的十几个位点。然而，在浩渺的基因组中，没有人能保证算法就一定毫无疏漏。因此，关于

CRISPR/Cas9 及其衍生工具的真实脱靶率一直存在争议。所以人们迫切希望：第一，可以找到一种能够突破之前限制的脱靶检测技术；第二，使用该技术检验现有的基因编辑系统，筛选出可应用于临床的工具；第三，改造具有脱靶效应的基因编辑系统，降低脱靶频率，使能够应用于临床。基于此，我们开展了如下工作。

■ 研究目标

开发新一代基因编辑脱靶检测技术，并应用该技术检验现有基因编辑系统的安全性。基于检验结果，优化和改造现有工具，使消除脱靶效应，推动基因编辑技术的临床化应用。

■ 研究内容与结果

1. 开发出 GOTI 脱靶检测技术

如果要提高检测脱靶效应的精度，就必须彻底颠覆原有的脱靶检测手段。如果计算机软件预测不见得靠谱，那我们就不要预测了。最直接的验证方法是，对基因编辑组与对照组分别进行全基因组测序，然后进行比对，除去编辑位点间的差异就是脱靶情况。然而，任何两个生物个体之间，甚至同一生物个体内的不同细胞，都存在巨大的 DNA 序列差异。在单核苷酸水平上，世界上没有两个完全一样的个体或者细胞，要找到非常严格的对照组来确定脱靶位点十分不易。因为我们无法区分基因编辑脱靶造成的突变与生物个体间本身存在的差异（不同个体间相同核苷酸位置上，存在多种不同的核苷酸现象）。为了检测不依赖于 sgRNA 的随机突变，最好使用基于单细胞的全基因组测序。但是，当编辑体外单细胞时，为了获得目标量的检测基因组，必须进行 DNA 体外扩增。但此时体外扩增引入的突变就会与基因编辑的脱靶混在一起无法区分。

哺乳动物胚胎发育时，从单个受精卵发育到 2 细胞阶段，仅仅进行了一次有丝分裂。理论上，2 个细胞的几十亿个碱基中，仅仅有 1～2 个碱基差异。此后，2 细胞再分裂分化成一个完整个体，个体中所有细胞的 DNA 几乎是一模一样的。因此，我们设计了一个巧妙的实验，开发出了基于 2 细胞注射的全基因组脱靶检测技术（genome-wide off-target analysis by two-cell embryo injection，GOTI）。这里用到了 Ai9 品系小鼠。Ai9 小鼠内含有 LSL-tdTomato 序列，本身的荧光基因 *tdTomato* 因为 LSL（LoxP-stop-loxp）元件的阻隔不表达，一旦有外源 Cre 时，Cre 会破坏 LSL，*tdTomato* 即可表达，从而让小鼠细胞表现为红色荧光。在本研究中，当 Ai9 小鼠受精卵发育到 2 细胞时，利用显微注射技术，仅对其中的 1 个卵裂球注射 Cre 和编辑目标基因的编辑工具混合物。这样，被编辑的细胞除了目标基因被编辑，也被标记上了 tdTomato 荧光。此后，让 2 细胞胚胎正常发育至第 14.5 天。此时，因为胚胎内细胞全部来自 2 个卵裂球，一半带荧光且目标基因被编辑过，另一半不带荧光。基于红色荧光，我们使用细胞流式术将编辑与未编辑的细胞群分离开来，通过全基因组测序比对两组差异（图 4-2）。

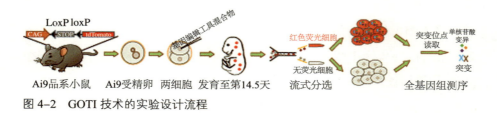

图 4-2　GOTI 技术的实验设计流程

这个实验既避免了单细胞体外扩增时随机突变带来的噪声，又设计出了目前最完美的对照组。由于编辑与未编辑的细胞群均来自同一枚受精卵，理论上基因背景几乎完全一致。直接比对两组细胞的基因组，除了编辑位点的差异，就是基因编辑工具造成的脱靶。

此工作建立的 GOTI 技术在精度、广度和准确性上，远远超越了之前的基因编辑脱靶检测技术，大大提高了脱靶检测的灵敏性，并且可以在不借助于任何脱靶位点预测技术的情况下，发现之前的脱靶检测手段无法发现的完全随机的脱靶。这为基因编辑工具的安全性评估带来了突破性的新工具，有望成为行业的新标准，同时也可由此开发出精度、安全性更高的新一代基因编辑工具。

2. 借助 GOTI，发现 CBE 存在大量的 DNA 脱靶

借助于 GOTI 系统，我们检测了经典的 CRISPR/Cas9 系统、胞嘧啶单碱基编辑器（cytosine base editor，CBE）和腺嘌呤单碱基编辑器（adenine base editor，ABE）的脱靶效应。首先，我们测试了 Cas9、BE3 和 ABE7.10 的目标 DNA 编辑情况。结果显示，它们均具有较好的靶向效应。这与同行的研究结果一致。然后，我们使用 GOTI 技术对它们进行脱靶检测。结果显示，用 Cas9 编辑的胚胎仅有 0～4 个单核苷酸变异（single nucleotide variants，SNVs）。该低水平 SNVs 更像是来自细胞在分裂过程中的随机突变（该情况在正常机体内自然发生，属于正常现象）。在 ABE7.10（ABE 的升级版本）编辑的胚胎中，每个胚胎有 10 个单核苷酸变异。该水平也接近细胞分裂时的随机突变。这说明，设计良好的 CRISPR/Cas9 以及 ABE 并没有明显的 DNA 脱靶效应，结束了之前对于 CRISPR/Cas9 脱靶率的争议。但是，在 BE3 编辑的胚胎中，每个胚胎平均有高达 283 个 SNVs。该变异水平是本底水平的 20 倍。在随后的脱靶位点类型检测中发现，无论 sgRNA 存在与否，BE3 均可导致相同高水平的 DNA SNVs。显然，BE3 引起的 SNVs 并不依赖于 sgRNA。需要特别说明的是，

BE3 引起的突变，90% 属于 G 到 A 或者 C 到 T 类型的突变，而在 Cas9 和 ABE7.10 编辑的胚胎中并没有出现该现象（图 4–3。图中数字所示为显著性差异数值）。该突变类型的偏向性恰恰与胞嘧啶脱氨酶 APOBEC1 引起的突变一致（该 BE3 本质上是在突变的 Cas9 上融合了一个 APOBEC1）。这说明，BE3 编辑组引起的 SNVs 并不是随机突变，而是编辑脱靶。进一步分析发现，这种脱靶发生在转录活跃区，特别是基因高表达区域。这些脱靶位点与靶向序列位点无相似性，同样也不在传统预测脱靶位点的 top 区域，无法用传统的生物信息学算法来预测。这些实验说明，BE3 引起的脱靶无 sgRNA 依赖性，且更可能是由于 APOBEC1 高度表达所致。

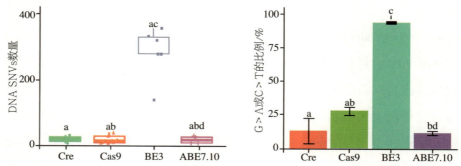

图 4–3　Cas9、BE3 和 ABE7.10 引起的 DNA SNVs 数量（A）和类别（B）比较

注：相同字母表示无显著性差异（$P>0.05$）；不同字母表示显著性差异（$P<0.05$）。

　　BE3 编辑的胚胎产生的 SNVs 总共有 1698 个，其中，26 个在基因的外显子上，14 个导致了非随机改变。对 26 个位点进行聚合酶链式反应（polymerase chain reaction，PCR）扩增，成功克隆出 20 个位点，并且使用一代桑格（Sanger）测序方法检测出它们确实发生了突变。同样地，在 1698 个 SNVs 中，有 1 个处于原癌基因上，13 个 SNVs 在抑癌基因上。这再次表明，脱靶可能具有致癌风险。

本研究中，大量 BE3 引起的脱靶位点未见报道过，这可能是 GOTI 技术使然。GOTI 是基于单个卵裂球 DNA 编辑进行的脱靶检测，而之前研究是对整个细胞群（如培养的体外细胞）进行 DNA 编辑的检测。对细胞群编辑后再检测，会漏掉因一个细胞脱靶而产生的信号，降低信噪比，让脱靶难以显现。ABE7.10 脱靶检测发现，它没有异常升高的 SNVs。这可能是因为 ABE7.10 上的腺嘌呤脱氨酶 TadA 无 DNA 结合能力。另外一项以水稻为研究对象的脱靶检测结果也印证了我们的结论[9]。

90% 的罕见病本就无药可治。BE3 因可以在不切割双链 DNA 的情况下将目标 G 突变为 A，本是被寄予厚望，期望应用于临床，造福患者。但我们的研究显示，BE3 潜在的安全隐患巨大。这也让世人重新审视这些新兴技术的风险。

3. 发现单碱基编辑器存在大量 RNA 脱靶现象

基因编辑的安全性检测的要求极其苛刻。在研究基因编辑 DNA 脱靶问题时，我们又将目光转向了细胞中的另一类核苷酸——RNA。中心法则显示，DNA 转录成信使 RNA 后，信使 RNA 翻译成蛋白质，蛋白质就直接体现了生命体的各种性状。DNA 的编辑工具会不会因为脱靶而损伤信使 RNA 呢？ RNA 一旦突变，就可能引起蛋白质突变，性状自然就跟着发生改变。CBE 融合有脱氨酶，虽然脱氨酶的目标是结合并编辑 DNA，但是之前的研究发现，单独的脱氨酶也会结合 RNA[10-13]。用在 CBE 中的胞嘧啶脱氨酶 APOBEC1 就是如此，而用在 ABE 中的腺嘌呤脱氨酶 TadA 会导致位点特异性肌苷的形成。但目前，还没有详尽报道过 DNA 编辑工具的 RNA 脱靶情况。与此同时，在基因治疗中，通常使用腺相关病毒（adeno-associated virus，AAV）作为运输基因编辑工具的载体，但是该病毒可以在体内停留数月甚至更久的时间[14-16]。因此，如果以 AAV 包被单碱基编辑器进行基因编辑，那么就不得不考虑单碱基编辑器对 RNA 的影响。

综上所述，本研究检测了目前常见的几种单碱基编辑器的 RNA 脱靶情况。如果 DNA 单碱基编辑器会脱靶到 RNA 上，那么对编辑后的样本检测的时间窗口就很小。因为 RNA 的半衰期很短，所以不能像 GOTI 技术那样在编辑后的十几天进行检测。因此，该实验中对 HEK293T 细胞系转染基因编辑工具，同时对成功转染的细胞标记绿色荧光蛋白（green fluorescent protein，GFP），并采用流式细胞术基于荧光分选出 GFP 阳性细胞，对阳性细胞群进行 RNA 测序，从而检测其中 RNA 的 SNVs（图 4-4）。

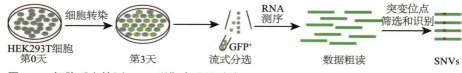

图 4-4　细胞系上检测 RNA 脱靶实验设计流程

验证 BE3 可能产生 RNA 脱靶时，细胞转染分组为：单独 GFP 组、APOBEC1 组、EB3 组、BE3+sgRNA 组（设计了 2 个 sgRNA，分别靶向 BE3-site3 和 BE3-RNF2）；对 ABE7.10 的 RNA 脱靶检测实验分组为：单独 GFP 组、TadA-TadA* 组（升级版脱氨酶）、ABE7.10 组、ABE7.10+sgRNA 组（设计了 2 个 sgRNA，分别靶向 ABE-site1 和 ABE-site2），单独 GFP 组为对照组，其余为实验组。通过生物信息学基于 RNA 测序结果的分析发现，任何一个实验组的 RNA 脱靶情况都显著高于对照组，而且单独转染 APOBEC1 和 TadA-TadA* 组具有最高的 RNA SNVs。这也说明，CBE 和 ABE 编辑的细胞产生的 RNA SNVs 可能分别来源于过表达的 APOBEC1 和 TadA（图 4-5）。而且，实验中 RNA SNVs 数量确实可以随着 CBEs 和 ABEs 的表达上升而增高。

对突变位点类型分析发现，BE3 组的 RNA SNVs 突变类型接近 100% 为 G 到 A 或者 C 到 U，显著性高于 GFP 单独组。这种突变的偏好性与

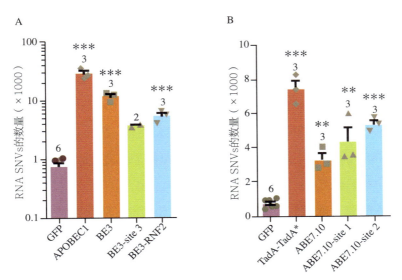

图 4–5　BE3（A）和 ABE7.10（B）RNA SNVs 情况
注：** 表示与对照组相比差异极显著（P<0.01）；*** 表示与对照组相比差异极其显著（P<0.001）。

APOBEC1 本身一致。这说明，这种突变不是随机的，而是来源于胞嘧啶脱氨酶 APOBEC1。与此类似，ABE7.10 组的 RNA SNVs 突变类型 95% 为 A 到 G 或 U 到 C，这与 TadA 组的突变类型一致。同时，GFP 组的突变类型也偏向于 A 到 G 或 U 到 C，这可能是因为 GFP 天然的突变喜好[17-19]。同一实验组我们会做至少 3 个重复实验，这让我们发现任意两个样本突变位点有重合的情况。在 BE3 组内，这个数据是 27.7±3.6%（平均值 ± 方差）；在 ABE7.10 组的是 51.0±3.3%（平均值 ± 方差）。这些重合的 SNVs 随后会因为活跃的基因而富集。

　　然而，这些脱靶位点均没有位于以往经典检测脱靶方法的预测位点处。这表明，CBE 和 ABE 引起的 RNA SNVs 脱靶无 sgRNA 依赖性，且是由分别过表达的 APOBEC1 和 TadA-TadA* 引起的。此外，ABE7.10 在原癌基因和抑癌基因上分别产生了 56 个和 12 个非同义突变，而且很多这些位点的编辑效率高于 40%。这再次说明，DNA 编辑具有致癌风险。

以上 RNA 测序是基于大量细胞的不同编辑情况的检测。因此，我们进一步将脱靶检测精度降到单细胞水平。使用单细胞 RNA 测序来分析脱靶情况，就避免了丢失随机脱靶的情况。此时，实验分组为野生型细胞组、GFP 组、BE3-site3 组、ABE7.10-site1 组。与先前研究结果一致，单细胞同样表现出 RNA 脱靶效应和相同的脱靶类型，但是脱靶率要低很多，可是一些特定原癌基因和抑癌基因位点却保持了高度活跃的脱靶情况。这说明，脱靶编辑可能会指向特殊序列区。

这项研究首次证明了常用的几种单碱基编辑工具存在大量的 RNA 脱靶，并且发现被寄予厚望的 ABE7.10 的 RNA 脱靶高频发生在原癌基因和抑癌基因上。

虽然使用单碱基编辑产生的 RNA 脱靶存在时间不长（RNA 会降解），但是体内进行基因修复时使用的递送系统 AAV 却可以维持很长时间的表达[14, 16]。因此，在基因治疗过程中，几个月甚至几年的持续产生 RNA 突变的情况就非常危险。单碱基编辑技术不可贸然进入临床应用。

4. 改造单碱基编辑器，消除 RNA 脱靶

既然发现了问题，那就去解决问题。如同刚刚提到的，这些单碱基编辑器脱靶位点和目的位点序列没有相关性，是由单碱基编辑器中的脱氨酶对 RNA 随机反应造成的。也就是说，理想情况是当基因编辑工具遇到目的 DNA 时才会停留和反应。但是，单碱基编辑器的组分脱氨酶遇到 RNA 后，本身的 RNA 结合活性让单碱基编辑器锚定在 RNA 上，进而整个单碱基编辑器将 RNA 当作 DNA 进行了编辑。

原理明白了，接下去的路就好走了许多。为了消除 RNA 脱靶活性，我们进行了脱氨酶 APOBEC1 和 TadA 与 RNA 结合的去稳定性研究。我们在 APOBEC1 中引入一个点突变（W90A，将第 90 位氨基酸由 W 突变为 A）。这个位点是预测的疏水域[20, 21]。结果发现，虽然 BE3[W90A] 消除了 RNA 脱靶活性，但是 DNA 的靶向效应也一起丢失了。非常可惜，这个突变体不能推广。有研究表明，对 BE3 进行双位点 W90Y 和 R126E 突变，可以通过降低疏水性和提高对 DNA 的结合能力来提高编辑特异性[22]。那么，降低疏水性是否也会削弱 RNA 结合能力呢？我们对这一突变体进行 RNA 脱靶检测，发现 BE3[W90Y/R126E] 在不损失 DNA 编辑能力的情况下，确实可将 RNA 脱靶效应降低至本底水平。这一版本的 BE3 经受住了考验。

同时，我们也尝试另外一条途径。有研究表明，APOBEC3A（hA3A）只有 DNA 结合能力而没有 RNA 结合能力[23, 24]。当我们把 APOBEC1 替换成 APOBEC3A（hA3A）时发现，BE3（hA3A）比 BE3（APOBEC1）转染的细胞系表现出更少的 RNA SNVs。为了进一步降低它的脱靶效应，我们在 BE3（hA3A）中分别引入了 R128A 和 Y130F 点突变。这些位点是 hA3A 预测的 RNA 结合位点和单链 DNA 结合位点[24-26]。结果显示，2 种突变株都将 RNA SNVs 脱靶效应降低至本底水平。更重要的是，3 种高保真突变型 BE3[W90Y/R126E]、BE3（hA3A[R128A]）和 BE3（hA3A[Y130F]）的 RNA SNVs 模式与仅转染 GFP 细胞中的相似。

BE3 完成改造后，我们对 ABE 进行了突变筛选。有研究表明，突变 TadA 的 D53E 可在体外降低 RNA 活性，而 F148A 突变可以完全消除该活性[10, 11, 27, 28]。因此，我们向 TadA 和 TadA* 分别引入了 D53E 和 F148A 突变。结果表明，ABE7.10[D53E] 和 ABE7.10[F148A] 均保持了 DNA 靶向活性，但是只有 ABE7.10[F148A] 消除了 RNA 脱靶效应。之后，我们比较了 ABE7.10[F148A] 和 ABE7.10 靶向效应是否一致。令人惊喜的是，ABE7.10[F148A] 竟然具有更小的编辑窗口（图 4-6）。ABE7.10 会改变目标序列 A5、A6 和 A7 相邻的几个 A，这就导致编辑时不是那么精确。我们改造的 ABE7.10[F148A] 削弱了这个缺陷，在 A5 位置高效编辑，在 A6 位置编辑水平下降至 20% 左右，缩小了编辑窗口（图 4-6）。因此，DNA 编辑将会更加精准。

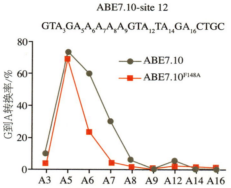

图 4-6　ABE7.10^{F148A} 与 ABE7.10 编辑窗口的比较

在对单碱基编辑器优化过程中，我们通过对脱氨酶进行多个位点的突变改造，最后终于筛选到了 3 株 CBE 突变体和 1 株 ABE 突变体。这类突变体既能够完全消除 RNA 脱靶活性，同时又能维持 DNA 编辑能力。这为单碱基编辑临床应用提供了基础，期望能够推动临床化应用。

总结和展望

CRISPR/Cas9 及其衍生工具单碱基编辑器已广泛应用于生命科学和医学研究。其中的基因药具有数千亿美元的市场潜力，而且随着人口老龄化不断增长，基因药的需求量会越来越大。然而，基因编辑造成的脱靶风险严重阻碍了该类技术应用于临床。我们建立了新一代基因编辑工具脱靶检测技术——GOTI。这是一种在精度、广度和准确性上远远超越之前的基因编辑脱靶检测技术，有望因此开发出精度更高、安全性更好的新一代基因编辑工具。我们使用该技术发现之前普遍认为安全的单碱基基因编辑技术存在严重的、无法预测的 DNA 脱靶问题，且有些位于癌基因上。这警示世人，我们必须重新审视这项技术的风险。我们进一步将脱靶检测范围扩大至 RNA 水平，首次证明常用的两种单碱基编辑技术均存在大量的 RNA 脱靶现象。通过对单碱基编辑工具进行改造，我们筛选到既保留高效的单碱基编辑活性又不会造成额外脱靶的新一代高保真单碱基编辑工具。这为单碱基编辑应用于临床治疗提供了重要的基础。相关研究成果分别发表在《科学》（*Science*）和《自然》（*Nature*）上。

我们希望单碱基编辑技术能够应用于临床，但是安全性检测结果却令人沮丧。不知是否因此，国内外的两项单碱基编辑技术的临床实验被紧急叫停。我们同样惋惜，但这也是我们的机遇。基因编辑技术广阔的应用前景将会助力未来世界医药的发展。随着人口老龄化加剧，疾病人群随之攀升，基因治疗需求缺口巨大，基因药必将成为各个国家争相进入的蓝海市场。但在这项蛋糕切分中，中国并不会轻松地占有优势。虽然中国在基因编辑技术方面的专利申请数量所占比重较大，但是基础核心专利还掌握在欧美国家手中。我们要开发新药，必将运用到这些基础技术，也必将支付高额的专利费用。我们将本研究开发的原创性的 GOTI 技术以及随后获得的单碱基编辑突变体申请了一系列国内和国际相关专利，填补了中国基因编辑领域核心技术专利的空白，有望打破欧美国家在基因编辑技术核心专利上的垄断，促进中国整个以基因编辑技术为核心的行业（如基因治疗、基因检测等）的发展，加快中国自主创新药的研发。

参考文献

［1］ Knott G J, Doudna J A. CRISPR-Cas guides the future of genetic engineering［J］. Science, 2018, 361（6405）: 866.

［2］ Redman M, King A, Watson C, et al. What is CRISPR/Cas9? ［J］. Archives of Disease in Childhood-Education & Practice Edition, 2016, 101（4）: 213.

［3］ Rees H A, Liu, D R. Base editing: precision chemistry on the genome and transcriptome of living cells ［J］. Nat. Rev. Genet., 2018, 19（12）: 770−788.

［4］ Komor A C, Kim Y B, Packer M S, et al. Programmable editing of a target base in genomic DNA without double-stranded DNA cleavage ［J］. Nature, 2016, 533（7603）: 420−424.

［5］ Gaudelli N M, Komor A C, Rees H A, et al. Programmable base editing of A*T to G*C in genomic DNA without DNA cleavage ［J］. Nature, 2017, 551（7681）: 464−471.

［6］ Tsai S Q, Joung J K. Defining and improving the genome-wide specificities of CRISPR-Cas9 nucleases ［J］. Nat. Rev. Genet., 2016, 17（5）: 300−312.

［7］ Lazzarotto C R, Nguyen N T, Tang X, et al. Defining CRISPR-Cas9 genome-wide nuclease activities with CIRCLE-seq ［J］. Nat. Protoc., 2018, 13（11）: 2615−2642.

［8］ Anderson K R, Haeussler M, Watanabe C, et al. CRISPR off-target analysis in genetically engineered rats and mice ［J］. Nat. Methods, 2018, 15（7）: 512−514.

［9］ Kim D, Lim K, Kim S T, et al. Genome-wide target specificities of CRISPR RNA-guided programmable deaminases ［J］. Nat. Biotechnol, 2017, 35（5）: 475−480.

［10］ Jin S, Zong Y, Gao Q, et al. Cytosine, but not adenine, base editors induce genome-wide off-target mutations in rice ［J］. Science, 2019, 364（6437）: 292.

［11］ Poulsen L K, Larsen N F M S, Molin S F A P, et al. Analysis of an *Escherichia coli* mutant strain resistant to the cell-killing function encoded by the gef gene family ［J］. Mol. Microbiol., 1992（6）: 895−905.

［12］ Wolf J, Gerber A. P, Keller W. TadA, an essential tRNA-specific adenosine deaminase from *Escherichia coli* ［J］. The EMBO Journal, 2002, 21（14）: 3841−3851.

［13］ Conticello S G. The AID/APOBEC family of nucleic acid mutators ［J］. Genome Biology, 2008, 9（6）: 229.

［14］ Blanc V, Davidson N O. APOBEC-1-mediated RNA editing. Wiley interdisciplinary reviews ［J］. Systems Biology and Medicine, 2010, 2（5）: 594−602.

［15］ Villiger L, Grisch C, Hiu M, et al. Treatment of a metabolic liver disease by *in vivo* genome base editing in adult mice ［J］. Nature Medicine, 2018, 24（10）: 1519−1525.

［16］ Maeder M L，Stefanidakis M，Wilson C J，et al. Development of a gene-editing approach to restore vision loss in Leber congenital amaurosis type 10［J］. Nature Medicine，2019，25（2）：229-233.

［17］ Rossidis A C，Stratigis J D，Chadwick A C，et al. *In utero* CRISPR-mediated therapeutic editing of metabolic genes［J］. Nature Medicine，2018，24（10）：1513-1518.

［18］ Green P，Ewing B，Miller W，et al. Transcription-associated mutational asymmetry in mammalian evolution［J］. Nature Genetics，2003，33（4）：514-517.

［19］ Mitchell A，Graur D. Inferring the pattern of spontaneous mutation from the pattern of substitution in unitary pseudogenes of mycobacterium leprae and a comparison of mutation patterns among distantly related organisms［J］. Journal of Molecular Evolution，2005，61（6）：795-803.

［20］ Duret L. Mutation patterns in the human genome：more variable than expected［J］. PLoS Biology，2009（7）：e1000028.

［21］ Holden L G，Prochnow C，Chang Y，et al. Crystal structure of the anti-viral APOBEC3G catalytic domain and functional implications［J］. Nature，2008，456（7218）：121-124.

［22］ Chen K M，Harjes E，Gross P J，et al. Structure of the DNA deaminase domain of the HIV-1 restriction factor APOBEC3G［J］. Nature，2008，452（7183）：116-119.

［23］ Kim Y B，Komor A C，Levy J M，et al. Increasing the genome-targeting scope and precision of base editing with engineered Cas9-cytidine deaminase fusions［J］. Nature Biotechnology，2017，35（4）：371-376.

［24］ Gehrke J M，Cervantes O，Clement M K，et al. An APOBEC3A-Cas9 base editor with minimized bystander and off-target activities［J］. Nature Biotechnology，2018，36（10）：977-982.

［25］ Wang X，Li J，Wang Y，et al. Efficient base editing in methylated regions with a human APOBEC3A-Cas9 fusion［J］. Nature Biotechnology，2018，36（10）：946-949.

［26］ Stauch B，Hofmann H，Perkovic M，et al. Model structure of APOBEC3C reveals a binding pocket modulating ribonucleic acid interaction required for encapsidation［J］. Proceedings of the National Academy of Sciences，2009，106（29）：12079.

［27］ Shi K，Carpenter M A，Banerjee S，et al. Structural basis for targeted DNA cytosine deamination and mutagenesis by APOBEC3A and APOBEC3B［J］. Nature Structural & Molecular Biology, 2017, 24（2）: 131-139.

［28］ Kim J, Malashkevich V F R, Setu R S F-L, et al. Structural and kinetic characterization of *Escherichia coli* TadA, the wobble-specific tRNA deaminase［J］. Biochemistry, 2016（45）: 6407-6416.

05 提高中晚期鼻咽癌疗效的新方案

马 骏　徐 骋　张 媛

引　言

鼻咽癌是一种头颈部恶性肿瘤，中国高发，尤其是中国华南地区，每年新发病例数占全球的 48%，且发病人群以中青年为主，严重危害人民的生命健康。由于鼻咽癌的发病部位隐匿且毗邻重要生命器官（如脊髓、颅底），所以难以进行手术。鼻咽癌细胞对高能射线非常敏感，因此放射治疗（放疗）成了鼻咽癌的主要治疗手段。超过 70% 的鼻咽癌患者在确诊时已经是中晚期，治疗效果较差。因此，在放疗的基础上联合使用化疗成了提高疗效的新思路。

按照化疗的使用时间不同，可分为诱导化疗（放疗前）、同期化疗（放疗中）和辅助化疗（放疗后）。哪种模式效果最优，国际上尚无定论。马骏教授先后进行了 3 项前瞻性随机对照临床试验。试验供纳入中、晚期鼻咽癌病例 1500 例。结果显示，①同期化疗能够提高生存率；②同期化疗后再进行"5- 氟尿嘧啶 + 顺铂"辅助化疗，不仅不能提高疗效，反而徒增了严重毒副反应的发生率；③同期化疗前使用"多西他赛—顺铂—氟尿嘧啶"（Doxetacel+Cisplatin+5-Fu,

TPF）诱导化疗，可进一步提高总生存率。

TPF 三药诱导化疗方案疗效虽好，但毒性相对较大，严重毒副反应发生率达 42%，以至于许多患者无法耐受治疗。该方案在基层医院难以推广。因此，寻找高效低毒诱导化疗方案仍然任重而道远。

研究背景

1. 远处转移是鼻咽癌治疗失败的主要原因

鼻咽癌是一种头颈部的恶性肿瘤，原发部位为鼻咽黏膜上皮。中国国家癌症中心发布的数据显示，2015 年中国大陆新确诊鼻咽癌 6.06 万例，约占全世界的 40%[1]。相对于其他头颈部肿瘤，鼻咽癌在世界范围内较为罕见。2012 年，全球新确诊的鼻咽癌病例仅占当年所有肿瘤病例的 0.6%[2]。此外，鼻咽癌具有极不均衡的地域分布特性，表现为独特的区域聚集性与人群聚集性，主要流行于东南亚、中国南部、非洲北部和中东地区。在包含流行病区及非流行病区的总人群中，鼻咽癌的年龄调整发病率小于 0.001%[3]。而在中国广东省的原住民中，鼻咽癌的男性人群的年龄调整发病率可高达 0.02% ～ 0.05%（鼻咽癌因此又被称为广东癌）[4]。在鼻咽癌的流行地区，绝大部分病例（>95%）的病理类型属于非角化性癌，即世界卫生组织（World Health Organization，WHO）分型 Ⅱ ～ Ⅲ 型，且普遍与 EB 病毒（Epstein-Barr virus，EBV）感染相关；WHO Ⅰ 型角化性癌则多见于世界其他非流行病区[2, 4]。因鼻咽解剖学位置较为隐蔽、手术空间小，且毗邻众多重要组织及器官（如脊髓、颈动脉、颅底），所以手术并非鼻咽癌治疗的首要选择。放疗可利用射线从体外进行照射，具有无创、高效和便捷的特点，因而成了无远处转移鼻咽癌的主要治疗手段[5]。现代影像学技术和放疗技术的飞速发展将鼻咽癌的治疗提升到一个新的水平，调强放疗取代了常规二维放疗，并大幅度提高了鼻咽癌的局部控制率。由此，远处转移成了鼻咽癌治疗失败的主要原因[6]。

2. 诱导化疗联合同期放化疗是当前鼻咽癌综合治疗的标准疗法之一

　　鼻咽癌治疗方式的选择有赖于精确的临床分期。目前，国际上通用的是美国癌症联合委员会 / 国际抗癌联盟（American Joint Committee on Cancer/Union for International Cancer Control，AJCC/UICC）所制定的原发灶 – 淋巴结 – 转移（tumor-node-metastasis，TNM）临床分期系统。该系统利用解剖学信息对疾病的严重程度进行评价，从而指导临床决策。临床上，约 70% 的初诊鼻咽癌患者最终被确诊为局部区域晚期鼻咽癌，即 TNM 分期为Ⅲ～Ⅳ期且不伴远处转移[7]。对于这部分患者，单纯放疗并不能达到满意的治疗效果。研究发现，在放疗的基础上联合化疗可将 5 年总生存率由 62% 显著提高到 72%，从而验证了放化疗综合治疗在局部区域晚期鼻咽癌治疗中的重要地位[8]。目前，多种放化疗综合治疗模式在临床治疗中得到应用，如放疗的同时予以化疗（同期放化疗）、同期放化疗后加用化疗（同期放化疗 + 辅助化疗）、同期放化疗前加用化疗（诱导化疗 + 同期放化疗）。而当前的研究热点是如何选择合适的放化疗综合治疗模式，以降低局部区域晚期鼻咽癌患者的远处转移发生率。

　　基于美国西南肿瘤协作组开展的一项Ⅲ期临床试验，美国国立综合癌症网络（National Comprehensive Cancer Network，NCCN）建议，将"同期放化疗 ± 辅助化疗"作为局部区域晚期鼻咽癌的标准治疗方案[9]。然而，多项临床试验发现，"同期放化疗 ± 辅助化疗"在局部区域晚期鼻咽癌治疗中容易导致严重的呕吐、口腔黏膜炎等不良反应，常导致患者对治疗具有较低的依从性（52% ～ 63%）、较高的药物减量发生率和治疗中止率[9-11]。诱导化疗是在手术或放疗前使用的化疗，此时患者尚未接受治疗，因此具有较高的耐受性与依从性；此外，诱导化疗还具有可提前杀灭微转移灶、减轻放疗前的肿瘤负荷和肿瘤容积等特点，因而被认为是一种可以降低鼻咽癌远处转移发生率的治疗方案[12-15]。2018 年，NCCN 指南建议将"诱导化疗 + 同期放化疗"作为第二类方案加以推荐，即专家组对于该治疗模式的意见达成一致。而此前仅有"同期放化疗 ± 辅助化疗"处于该等级。"诱导化疗 + 同期放化疗"成了当前鼻咽癌综合治疗的标准疗法之一。

3. TPF 三药联用的诱导化疗方案具有较强的抗肿瘤疗效

2009 年，来自中国香港中文大学威尔斯亲王医院的惠（Hui）等人招募了 68 例初诊局部区域晚期鼻咽癌患者，进行了一项 II 期随机对照临床试验。研究发现，单纯同期放化疗组的 3 年总生存率为 67.7%，而采用"多西他赛—顺铂"双药诱导化疗联合同期放化疗方案的患者具有显著更高的 3 年总生存率（94.1%，P=0.012）；在无进展生存方面，相较于单纯接受同期放化疗的患者（59.5%），虽然诱导化疗 + 同期放化疗组的患者（88.2%）有一定的生存优势，但在统计学上无显著性差异（P=0.12）[16]。2012 年，希腊的 Fountzilas 等人在非流行病区开展的一项 II 期试验，纳入了 144 例 II B ～ IV B 期的鼻咽癌患者：采用了"表柔比星—顺铂—多西他赛"三药诱导化疗方案，发现诱导化疗 + 同期放化疗相比于单纯同期放化疗在 3 年总生存率（P=0.652）和 3 年无进展生存（P=0.708）方面的结果基本类似，未表现出显著性差异[17]。新加坡国立癌症中心的谭

（Tan）等人着力于探究"吉西他滨—卡铂—多西他赛"三药诱导化疗方案联合同期放化疗的治疗价值。由该团队开展的一项Ⅱ/Ⅲ期随机对照临床试验，纳入了 172 例局部区域晚期鼻咽癌患者，发现额外的诱导化疗在总生存率（94.3% 对比 92.3%；P= 0.494）、无病生存率（74.9% 对比 67.4%；P=0.362）以及无远处转移生存率（83.8% 对比 79.9%，P=0.547）3 个方面都不能显著提升患者的生存获益[18]。

以上研究的阴性结果都是基于未行危险度分层的受试人群而得出的。这表明，相同分期的不同个体间肿瘤情况存在着生物学异质性，局部区域晚期鼻咽癌患者中或许存在着一部分具有较低远处转移风险的人群。因而，并不是所有的局部区域晚期鼻咽癌都适用于"诱导化疗 + 同期放化疗"的治疗模式。同时，未行危险度分层的患者人群本身也具有重要的混杂因素，这可能掩盖了额外的诱导化疗的潜在价值，从而导致阴性的试验结果。鉴于此，我中心（中山大学肿瘤防治中心）开展了一项Ⅲ期多中心随机对照临床试验，从全国 10 个中心纳入了 480 例排除了 T3-4N0 亚组的局部区域晚期鼻咽癌患者，比较了诱导化疗 + 同期放化疗和单纯同期放化疗在这部分具有较高远处转移风险人群中的治疗价值[14]。该研究采用了TPF 三药联用的诱导化疗方案。结果发现，该治疗新模式可将纳入患者的 3 年总生存率由单纯同期放化疗的 86% 显著提高到 92%（P=0.029），3 年无失败生存率由 72% 显著提高到 80%（P=0.034），3 年无远处转移生存率由 83% 显著提高到 90%（P=0.031）[14]。

4. 吉西他滨联合顺铂两药诱导化疗可能是治疗中晚期鼻咽癌"高效低毒"的新方案

尽管 TPF 三药联用的诱导化疗方案效能优异，实际临床资料显示，该三药诱导化疗方案毒性相对较大，严重毒副反应发生率达 42%，许多患者无法耐受治疗，不利于在基层医院推广。因此，寻找提高中晚期鼻咽癌疗效的"高效低毒"新方案，成了一项重要的临床课题。既往研究表明，吉西他滨单药使用时，可抑制髓系衍生抑制细胞、调节性 T 细胞的负性免疫作用，从而增强自身免疫功能。吉西他滨与顺铂联合使用时，还可通过协同作用进一步增强顺铂对肿瘤的杀灭效果。之前的多项 II 期试验表明，对于鼻咽癌患者，吉西他滨联合顺铂（Gemcitabine+Cisplatin，GP）两药诱导化疗是有效的化疗方案[19-21]；而对于复发性或转移性鼻咽癌患者，GP 已成为优于顺铂联合氟尿嘧啶的首选一线治疗[22]。然而，对于新诊断的非转移性局部晚期鼻咽癌患者，同期放化疗前加用 GP 诱导治疗的疗效和安全性尚未明确。因此，中山大学肿瘤防治中心马骏教授牵头，联合华中科技大学附属同济医学院、佛山市第一人民医院、广西医科大学附属肿瘤医院、华中科技大学附属协和医院等全国 12 家医疗中心开展了一项多中心、随机、对照、III 期临床试验，在局部区域晚期鼻咽癌患者中研究了放化疗加用 GP 的疗效和安全性。

■ 研究目标

本研究是一项平行组、多中心，随机、对照III 期试验，研究目标是比较 GP 诱导化疗加同期放化疗与单独采用同期放化疗的疗效。本试验以 1∶1 的比例将局部区域晚期鼻咽癌患者随机分组，分别接受治疗。

1.试验组

吉西他滨（剂量为每平方米体表面积 1 g，在第 1 天和第 8 天给药）联合顺铂（剂量为每平方米体表面积 80 mg，在第 1 天给药），上述两种药物均每 3 周给药 1 次，给药 3 个周期，在此基础上联合同期放化疗（同期顺铂的剂量为每平方米体表面积 100 mg，每 3 周给药 1 次，给药 3 个周期；放疗采用调强放疗技术）。

2. 对照组

单独接受同期放化疗，具体如试验组所述。主要终点是意向治疗人群的无瘤生存期，即无治疗失败，包括无远处转移或局部区域复发且未死亡；次要终点包括总生存期、治疗依从性和安全性。

本试验纳入标准：年龄 18 ～ 64 岁；组织学证实患非角化性鼻咽癌；既往未接受过抗癌治疗；患无远处转移且新诊断的 Ⅲ ～ Ⅳ B 期鼻咽癌（不包括转移风险低的患者亚组，即无淋巴结受累的巨大原发肿瘤患者），分期依据的是 AJCC/UICC 第 7 版《分期—分类系统》[23]；卡诺夫斯基（Karnofsky）体能状态评分至少为 70 分（量表范围为 0 ～ 100 分，评分较低表示失能较严重）；有充分的血液、肾和肝功能。关键排除标准：接受过姑息治疗，有癌症病史，既往接受过鼻咽部或颈部治疗（放疗、化疗或手术），哺乳期或妊娠期，或有重度合并症。

本试验中基本的治疗前评估包括：完整病史，体格检查，血液学和生物化学分析，鼻咽镜检查，组织病理学诊断，以原发肿瘤分期为目的的鼻咽部和颈部的磁共振成像（magnetic resonance imaging，MRI）或增强计算机断层扫描（computed tomography，CT，如患者有 MRI 禁忌证）。我们通过胸部和腹部 CT 检查以及骨骼闪烁显像的方式对远处转移进行分期。对于淋巴结分期属于晚期或者临床怀疑远处转移的患者，建议采用 ^{18}F 氟代脱氧葡萄糖正电子发射断层扫描[24]。

研究内容

1. 患者的基线特征和治疗情况

从 2013 年 12 月至 2016 年 9 月，我们在 12 个试验中心纳入了 480 例患者。诱导化疗组包括 242 例患者，标准治疗组包括 238 例患者。两组患者的基线特征达到了平衡，这说明除试验因素之外的其他变量都得到了良好的控制，从而可从试验结果中得出因果关系的推论（表 5-1）。

在被随机分配接受诱导化疗＋同期放化疗的 242 例患者中，239 例（98.8%）接受了方案所规定的诱导化疗，共有 3 例患者在试验治疗开始前退出试验。231 例（96.7%）完成了 3 个周期的诱导化疗。239 例患者中的 234 例（97.9%）在诱导化疗后接受了同期放化疗，其中，93 例患者（38.9%）完成了 3 个周期的同步顺铂化疗，127 例（53.1%）接受了 2 个周期治疗，14 例（5.9%）接受了 1 个周期治疗。

在被随机分配至标准治疗组的 238 例患者中，237 例接受了方案规定的同期放化疗。其中，177 例患者（74.7%）完成了 3 个周期的同步顺铂化疗，56 例（23.6%）接受了 2 个周期治疗，4 例（1.7%）接受了 1 个周期治疗。

总体而言，诱导化疗组 239 例患者中的 191 例（79.9%）和标准治疗组 237 例患者中的 227 例（95.8%）接受了至少 200 mg/m^2 的同步顺铂化疗。

对于放疗，诱导化疗组全部 239 例患者均完成了方案规定的调强放疗。标准治疗组 237 例患者中的 2 例（0.8%）因患者拒绝治疗而停止放疗。在完成放疗的时间和接受的放疗剂量方面，两组相似。

表 5-1　患者基线特征

分组	性别		Karnofsky 体能状态评分				原发肿瘤分期			
	男性	女性	100	90	80	70	T1	T2	T3	T4
诱导化疗＋同期放化疗组/例（百分比/%）	182（75.2）	60（24.8）	10（4.1）	189（78.1）	36（14.9）	7（2.9）	2（0.8）	16（6.6）	115（47.5）	109（45.0）
同期放化疗组/例（百分比/%）	164（68.9）	74（31.1）	10（4.2）	198（83.2）	21（8.8）	9（3.8）	3（1.3）	16（6.7）	116（48.7）	103（43.3）

分组	淋巴结分期				总分期		
	N1	N2	N3A	N3B	Ⅲ	ⅣA	ⅣB
诱导化疗＋同期放化疗组/例（百分比/%）	114（47.1）	101（41.7）	12（5.0）	15（6.2）	111（45.9）	105（43.4）	26（10.7）
同期放化疗组/例（百分比/%）	106（44.5）	108（45.4）	8（3.4）	16（6.7）	120（50.4）	94（39.5）	24（10.1）

注：各治疗组的基线特征无显著性差异；由于四舍五入，百分比总计可能不是100%；诱导化疗组患者的平均年龄为46岁（18～64岁），同期放化疗组的平均年龄为45岁（20～64岁）。

2. 疗效

总体而言，94.6% 的患者在诱导化疗之后、放化疗开始之前产生应答；24 例患者（10.0%）完全缓解，202 例（84.5%）部分缓解。在放疗后 16 周时，诱导化疗组 97.1% 的患者和标准治疗组 96.6% 的患者完全缓解。

2019 年 4 月 15 日最后一次随访时，中位随访时间为 42.7 个月。截至此日期仍存活的 427 例患者中，296 例（69.3%）的随访时间超过 36 个月，最后纳入本试验的患者接受了 31.2 个月的随访。我们记录到总共 100 起治疗失败或死亡事件（全部试验人群中 20.8% 的患者），包括诱导化疗组 242 例患者中的 37 例（15.3%）和标准治疗组 238 例患者中的 63 例（26.5%）。诱导化疗组和标准治疗组的 3 年无瘤生存率分别为 85.3% 和 76.5%（图 5-1A）。

诱导化疗组 242 例患者中的 18 例（7.4%）和标准治疗组 238 例患者中的 35 例（14.7%）发生死亡。诱导化疗组患者的 3 年总生存率优于标准治疗组（图 5-1B）。诱导化疗组患者的 3 年无远处转移生存率优于标准治疗组（图 5-1C）。然而，诱导化疗组和标准治疗组的 3 年无局部区域复发生存率相似（图 5-1D）。

3. 不良事件

在诱导化疗期间，239 例患者中的 93 例（38.9%）发生了 3 级或 4 级急性不良事件。中性粒细胞减少是最常见的事件，其次为白细胞减少和呕吐。在整个治疗期间，诱导化疗组 181 例患者（75.7%）和标准治疗组 132 例患者（55.7%）发生了 3 级或 4 级不良事件（表 5-2）。黏膜炎是最常见的 3 级或 4 级不良事件。诱导化疗组的 3 级或 4 级中性粒细胞减少、血小

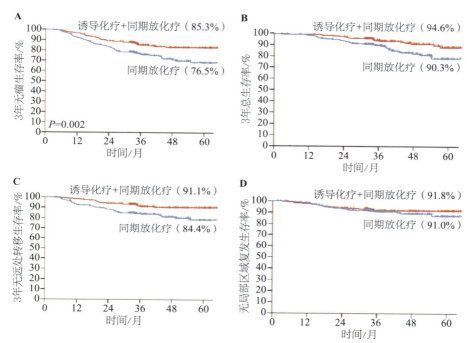

图 5-1 3 年无瘤生存率（A）、3 年总生存率（B）、3 年无远处转移生存率（C）和 3 年无局部区域复发生存率（D）的 Kaplan-Meier 分析（意向治疗人群）

注：利用分层 Cox 比例风险模型计算风险比和 95% 置信区间；主要终点是无瘤生存期，定义为从随机分组至证实治疗失败（远处转移或局部区域疾病复发）或任何原因死亡（以两者先发生的为准）的时间；次要终点包括总生存期、无远处转移生存期和无局部区域复发生存期。

板减少、贫血、恶心和呕吐发生率高于标准治疗组。

在诱导化疗组和标准治疗组中，全部 1 级或 2 级远期毒性反应的发生率分别为 84.9% 和 87.8%。共有诱导化疗组 9.2% 的患者和标准治疗组 11.4% 的患者发生了 3 级或 4 级远期毒性反应（表 5-2）。除 1 级或 2 级周围神经损伤（诱导化疗组的发生率高于标准治疗组）之外，两个治疗组的远期毒性反应发生率相似。

表 5–2　不良事件发生情况

不良反应种类	诱导化疗 + 同期放化疗组（n=239）/ %		同期放化疗组（n=237）/ %	
	1～2 级	3～4 级	1～2 级	3～4 级
急性不良反应	24.3	75.7	44.3	55.7
白细胞减少	70.3	26.4	75.1	20.3
中性粒细胞减少	56.5	28.0	62.0	10.5
粒缺性发热	0.0	0.4	0.0	0.0
粒缺性感染	0.0	0.0	0.0	0.0
贫血	74.5	9.6	66.2	0.8
血小板减少	38.1	11.3	22.8	1.3
黏膜炎	58.2	28.9	65.0	32.1
呕吐	35.6	22.6	21.9	13.9
恶心	73.6	23.0	79.3	13.9
口干	70.3	5.0	70.0	2.5
腹泻	7.5	2.5	6.3	1.7
放射性皮肤炎	59.0	2.1	64.1	3.8
体重下降	61.9	2.1	61.2	1.7
耳毒性	72.0	0.0	75.1	0.0
肾功能损伤	19.2	2.5	11.4	0.4
肝功能损伤	28.5	2.5	22.4	0.0
远期毒性反应	84.9	9.2	87.8	11.4
有临床症状的颞叶损伤	5.9	0.0	8.0	0.8
颅神经损伤	2.5	0.8	3.4	0.8
周围神经损伤	8.8	1.3	1.7	0.0
视力下降	1.3	0.0	0.8	0.0
耳毒性	25.1	5.4	27.4	6.8
口干	74.9	2.9	80.2	2.1
颈部肌肉损伤	25.9	0.4	31.2	1.3
骨坏死	1.7	0.0	2.5	0.8
张口困难	2.9	0.0	3.8	0.0
肾功能损伤	2.9	0.0	2.1	0.0

注：此项分析在安全性人群中进行，安全性人群仅包括开始接受试验治疗的患者。

■ 总结与讨论

本研究开展了一项随机、对照Ⅲ期试验。该试验结果表明，在特定高危局部区域晚期鼻咽癌患者中，放化疗加用诱导化疗的肿瘤控制效果和生存结局较好。大部分患者具有不良预后特征（N2 或 N3 期），所有这些特征均说明可能发生了隐匿转移[25]。由于诱导化疗组的远处转移率低于标准治疗组，所以诱导化疗组患者的早期总生存率占有优势。在诱导化疗组和标准治疗组中，诱导化疗组 3 年时的总生存率比标准治疗组高了 4.3 个百分点。

在复发性或转移性鼻咽癌患者中，单独使用 GP 和将 GP 与 camrelizumab（一种抗程序性死亡 1 受体抗体）联合使用时，客观缓解率分别为 64% 和 91%（包括完全缓解和部分缓解）[26]。同样，在局部区域晚期鼻咽癌患者中，邱（Yau）及其同事发现，3 个周期的 GP 诱导治疗，患者达到了较高的临床应答百分比（> 90%）[20]。谭（Tan）等进行的类似试验结果显示，吉西他滨、卡铂和紫杉醇联合治疗未延长无进展生存期，也未延长总生存期[27]，这与我们的研究结果相矛盾。这主要是因为在谭（Tan）等的试验中，患者的特征比较良好，即患 N2 或 N3 期鼻咽癌的患者数量比本试验的少；此外，他们的试验中使用了小剂量卡铂，这可能影响了铂类药品与吉西他滨的协同作用。

我们注意到，与接受单纯同期放化疗的患者相比，在接受诱导化疗的患者的迟发性肾脏毒性作用和耳毒性作用的发生频率相似，两组的重度迟发性并发症的发生率均较低，并且未观察到任何与治疗相关的死亡。在我们之前的 TPF 诱导化疗试验中[28]，虽然调整了剂量，但观察到的 3 级或 4 级急性不良事件发生率仍较高，如中性粒细胞减少（35.5%）、白细胞减少（27.2%）和腹泻（8.0%）；在上述试验中，4 例患者（2%）发生了白细胞减少性发热，1 例患者死于中性粒细胞减少性脓毒症。鉴于缺乏比较数据，在选择基于吉西他滨或基于紫杉类药物的诱导化疗方案时，我们可以在考虑患者合并症的基础上以预期毒性作用为依据。总之，在高危局部区域晚期鼻咽癌患者中，在顺铂同期放化疗的基础上加用 GP 诱导治疗改善了无瘤生存期。

发展前景与展望

诱导化疗是鼻咽癌综合治疗模式中非常重要的一环。本团队发现，相较于三药联合的 TPF 诱导化疗方案，GP 方案毒性相对更低，疗效显著优异。因此，该治疗模式具有整体的优越性和较好的推广性。

传统顺铂 +5- 氟尿嘧啶方案辅助化疗已被证明无法有效提高鼻咽癌患者的生存获益，而诱导化疗具有在同期放化疗的基础上进一步增强治疗强度的能力，因而成为近些年不同国家和地区的研究者非常关注的一个研究课题。除了本中心已经发表的关于 TPF 方案诱导化疗的Ⅲ期临床试验，当前还有诸多研究致力于探索诱导化疗 + 同期放化疗在鼻咽癌中的治疗效果。相信这些研究将来能给我们提供更多有价值的信息。

此外，肿瘤的研究已经进入精准医疗的时代，大量研究持续地探索着与肿瘤发生发展相关的分子机制，多种分子生物学标记物被证明可反映肿瘤的生物学特异性。对于鼻咽癌而言，依照患者群体之间不同的远处转移危险度相应地改变治疗强度，是践行个体化治疗的切实可行的方向。此外，对辅助化疗的优化仍是我们研究的一个方向，台湾的刘（Liu）等人报告接受了诱导化疗或同期化疗 ± 根治性放疗后的高危局部区域晚期鼻咽癌患者，采用口服 5- 氟尿嘧啶的替代物 Tegafur-Uracil（主要成分为替加氟及尿嘧啶）的辅助化疗，可有效降低远处转移并提高生存率。本中心目前正开展一项Ⅲ期多中心随机对照临床试验，旨在明确口服单药卡培他滨辅助化疗在局部区域晚期鼻咽癌治疗中的价值。

另外，免疫检查点抑制剂（如纳武利尤单抗）对头颈肿瘤也显示出优异的治疗效果，美国的弗里斯（Ferris）等人于2016年报告了一项研究结果，证实了相较于传统化疗，纳武利尤单抗在治疗后复发或转移的头颈部鳞癌中，具有显著的优越性。相信后续在鼻咽癌领域开展的研究会为临床提供更多高效的治疗选择。

参考文献

［1］Chen W，Zheng R，Baade P D，et al. Cancer statistics in China，2015［J］．C A：Cancer J. Clin.，2016，66（2）：115-132.

［2］Chua M L K，Wee J T S，Hui E P，et al. Nasopharyngeal carcinoma［J］．Lancet，2016，387（10022）：1012-1024.

［3］Wei W I，Sham J S. Nasopharyngeal carcinoma［J］．Lancet，2005，365（9476）：2041-2054.

［4］Ou S H，Zell J A，Ziogas A，et al. Epidemiology of nasopharyngeal carcinoma in the United States：improved survival of Chinese patients within the keratinizing squamous cell carcinoma histology［J］．Ann. Oncol.，2007，18（1）：29-35.

［5］Chan A T，Gregoire V，Lefebvre J L，et al. Nasopharyngeal cancer：EHNS-ESMO-ESTRO clinical practice guidelines for diagnosis，treatment and follow-up［J］．Ann. Oncol.，2012，23（S7）：vii83-85.

［6］Lai S Z，Li W F，Chen L，et al. How does intensity-modulated radiotherapy versus conventional two-dimensional radiotherapy influence the treatment results in nasopharyngeal carcinoma patients?［J］．Int. J. Radiat. Oncol. Biol. Phys.，2011，80（3）：661-668.

［7］Mao Y P，Xie F Y，Liu L Z，et al. Re-evaluation of 6th edition of AJCC staging system for nasopharyngeal carcinoma and proposed improvement based on magnetic resonance imaging [J]. Int. J. Radiat Oncol. Biol. Phys., 2009, 73 (5): 1326–1334.

[8] Chen Y, Sun Y, Liang S B, et al. Progress report of a randomized trial comparing long-term survival and late toxicity of concurrent chemoradiotherapy with adjuvant chemotherapy versus radiotherapy alone in patients with stage Ⅲ to Ⅳ B nasopharyngeal carcinoma from endemic regions of China [J]. Cancer, 2013, 119 (12): 2230–2238.

[9] Al-Sarraf M, LeBlanc M, Giri P G, et al. Chemoradiotherapy versus radiotherapy in patients with advanced nasopharyngeal cancer: phase Ⅲ randomized Intergroup study 0099 [J]. J. Clin. Oncol., 1998, 16 (4): 1310–1317.

[10] Chen L, Hu C S, Chen X Z, et al. Concurrent chemoradiotherapy plus adjuvant chemotherapy versus concurrent chemoradiotherapy alone in patients with locoregionally advanced nasopharyngeal carcinoma: a phase 3 multicentre randomised controlled trial [J]. Lancet Oncol., 2012, 13 (2): 163–171.

[11] Lee A W, Tung S Y, Chua D T, et al. Randomized trial of radiotherapy plus concurrent-adjuvant chemotherapy vs radiotherapy alone for regionally advanced nasopharyngeal carcinoma [J]. J. Natl. Cancer Inst., 2010, 102 (15): 1188–1198.

[12] Bae W K, Hwang J E, Shim H J, et al. Phase Ⅱ study of docetaxel, cisplatin, and 5-FU induction chemotherapy followed by chemoradiotherapy in locoregionally advanced nasopharyngeal cancer [J]. Cancer Chemother Pharmacol, 2010, 65 (3): 589–595.

[13] Kong L, Hu C, Niu X, et al. Neoadjuvant chemotherapy followed by concurrent chemoradiation for locoregionally advanced nasopharyngeal carcinoma: interim results from 2 prospective phase 2 clinical trials [J]. Cancer, 2013, 119 (23): 4111–4118.

[14] Sun Y, Li W F, Chen N Y, et al. Induction chemotherapy plus concurrent chemoradiotherapy versus concurrent chemoradiotherapy alone in locoregionally advanced nasopharyngeal carcinoma: a phase 3, multicentre, randomised controlled trial [J]. Lancet Oncol., 2016, 17 (11): 1509–1520.

[15] Lee A W, Ngan R K, Tung S Y, et al. Preliminary results of trial NPC-0501 evaluating the therapeutic gain by changing from concurrent-adjuvant to induction-concurrent chemoradiotherapy, changing from fluorouracil to capecitabine, and changing from conventional to accelerated radiotherapy fractionation in patients with

locoregionally advanced nasopharyngeal carcinoma [J] . Cancer, 2015, 121 (8): 1328-1338.

[16] Hui E P, Ma B B, Leung S F, et al. Randomized phase II trial of concurrent cisplatin-radiotherapy with or without neoadjuvant docetaxel and cisplatin in advanced nasopharyngeal carcinoma [J] . J. Clin. Oncol., 2009, 27 (2): 242-249.

[17] Fountzilas G, Ciuleanu E Bobos M, et al. Induction chemotherapy followed by concomitant radiotherapy and weekly cisplatin versus the same concomitant chemoradiotherapy in patients with nasopharyngeal carcinoma: a randomized phase II study conducted by the Hellenic Cooperative Oncology Group (HeCOG) with biomarker evaluation [J] . Ann. Oncol., 2012, 23 (2): 427-435.

[18] Tan T, Lim W T, Fong K W, et al. Concurrent chemo-radiation with or without induction gemcitabine, Carboplatin, and Paclitaxel: a randomized, phase 2/3 trial in locally advanced nasopharyngeal carcinoma [J] . Int. J. Radiat. Oncol. Biol. Phys., 2015, 91 (5): 952-960.

[19] He X, Ou D, Ying H, et al. Experience with combination of cisplatin plus gemcitabine chemotherapy and intensity-modulated radiotherapy for locoregionally advanced nasopharyngeal carcinoma [J] . Eur. Arch. Otorhinolaryngol, 2012 (269): 1027-1033.

[20] Yau T K, Lee A W, Wong D H, et al. Induction chemotherapy with cisplatin and gemcitabine followed by accelerated radiotherapy and concurrent cisplatin in patients with stage IV (A-B) nasopharyngeal carcinoma [J] . Head Neck, 2006 (28): 880-887.

[21] Ngan R K, Yiu H H, Lau W H, et al. Combination gemcitabine and cisplatin chemotherapy for metastatic or recurrent nasopharyngeal carcinoma: report of a phase II study [J] . Ann. Oncol., 2002 (13): 1252-1258.

[22] Zhang L, Huang Y, Hong S, et al. Gemcitabine plus cisplatin versus fluorouracil plus cisplatin in recurrent or metastatic nasopharyngeal carcinoma: a multicentre, randomised, open-label, phase 3 trial [J] . Lancet, 2016 (388): 1883-1892.

[23] Edge S B, Compton C C. The american joint committee on cancer: the 7th edition of the AJCC cancer staging manual and the future of TNM [J] . Ann. Surg. Oncol., 2010 (17): 1471-1474.

[24] Chan A T. Nasopharyngeal carcinoma [J] . Ann. Oncol., 2010, 21 (Suppl 7):

vii308-vii312.

[25] Tang L L, Chen Y P, Mao Y P, et al. Validation of the 8th edition of the UICC/AJCC staging system for nasopharyngeal carcinoma from endemic areas in the intensity-modulated radiotherapy era [J]. J. Natl. Compr. Canc. Netw., 2017 (15): 913-919.

[26] Fang W, Yang Y, Ma Y, et al. Camrelizumab (SHR-1210) alone or in combination with gemcitabine plus cisplatin for nasopharyngeal carcinoma: results from two single-arm, phase 1 trials [J]. Lancet Oncol., 2018 (19): 1338-1350.

[27] Tan T, Lim W T, Fong K W, et al. Concurrent chemo-radiation with or without induction gemcitabine, carboplatin, and paclitaxel: a randomized, phase 2/3 trial in locally advanced nasopharyngeal carcinoma [J]. Int. J. Radiat. Oncol. Biol. Phys., 2015 (91): 952-960.

[28] Sun Y, Li W F, Chen N Y, et al. Induction chemotherapy plus concurrent chemoradiotherapy versus concurrent chemoradiotherapy alone in locoregionally advanced nasopharyngeal carcinoma: a phase 3, multicentre, randomised controlled trial [J]. Lancet Oncol, 2016 (17): 1509-1520.

抗结核新药的靶点和作用机制的揭示及潜在新药的发现

张兵　杨海涛　饶子和

引　言

《红楼梦》里弱不禁风的林妹妹（林黛玉）和《三国演义》里吐血而亡的周公瑾（周瑜）在小说中的形象和结局不免让读者感到惋惜和痛心。到底是什么原因导致他们英年早逝？难道就如同小说中所描写的那样：林妹妹是被情所困，郁郁寡欢、伤心而死；周公瑾是因心胸狭隘、小肚鸡肠被孔明（诸葛亮）活活气死。事实果真如此，还是另有原因？

根据小说中两位主人公生活细节的描述，不难发现导致他们去世的真正原因恐怕是一种致命的传染病——肺结核（即"肺痨"）。肺结核是由病原体结核分枝杆菌（*Mycobacterium tuberculosis*，简称结核杆菌）侵染肺部而引起的慢性疾病，主要症状为低热、盗汗、消瘦、乏力并伴有咳嗽、咳痰和咯血。除了小说中的这两个经典人物，许多名人的意外去世也是因为结核病（tuberculosis），如著名的钢琴家肖邦、作曲家莫扎特、文学巨匠鲁迅等。

结核病是一种古老的疾病，最早可以追溯到 6000 年前的意大利和古埃及。在我国可查证的结核病患者可以追溯到 2100 年前。WHO 近期发布的《全球结核病报告》显示，结核病已超越艾滋病，成为感染性疾病的"头号杀手"，全世界目前仍有约 1/4 的人口被结核杆菌感染。因此，针对结核杆菌的新药靶点的发现以及新药研发迫在眉睫。这不仅仅是重要的科学问题，还是关系到我国乃至世界范围人类健康和经济发展的重大社会问题。

■ 研究背景

　　结核病是由感染病原体结核杆菌（1882 年由德国科学家罗伯特·科赫发现）引发的一种致命性疾病，主要通过呼吸道传播。感染主要发生在肺部。同时，颈淋巴、脑膜和腹膜等组织也可继发感染[1]。结核病在全世界范围内广泛流行，是人类生命健康的主要杀手之一，已经夺去了数亿人的生命。人类与结核病抗争的历史已逾 150 余年[1]，自从 20 世纪中叶链霉素作为第一个抗结核药物被应用于临床治疗以来，科学家又开发了异烟肼、利福平等有效药物。尽管如此，全世界目前仍有约 1/4 的人口被结核杆菌感染[1, 2]。WHO 近期发布的《全球结核病报告》显示，结核病的发病数量已超越艾滋病，在传染性疾病中堪称"头号杀手"[2]。据统计，2018 年全球新发结核病患者约 1000 万人，死亡人数约为 130 万人，并且在包括中国在内的发展中国家的疫情尤为严重[2]。更糟糕的是，艾滋病与结核病的交叉感染以及药物的不合理使用，已经产生了严重的耐药结核病，造成了全球公共卫生危机，也为结核病的治疗带来了更严峻的挑战[2]。因此，了解结核杆菌的生存与致病机理，并以此开发更有效的治疗药物来控制结核病尤为迫切和重要。

与其他细菌不同，结核杆菌作为一种分枝杆菌，细胞表面有一层非常致密的细胞壁（如同古代的城墙），对病原体起到保护作用，而分枝菌酸就是"城墙"的主要成分之一，对于结核杆菌的生存至关重要[3]。分枝菌酸的存在使病原体不仅可以免受许多化学物质的侵蚀，还可以耐受很多种抗生素，同时分枝菌酸还参与病原体的毒力和宿主的免疫反应[4-7]。不过再可怕的敌人也有致命的弱点，结核杆菌也不例外。结核杆菌赖以生存的分枝菌酸的合成与运输过程，恰恰就是致命弱点[8]。最近，科学家发现，分枝杆菌中有一种被称为分枝杆菌大膜蛋白3（mycobacterial membrane protein large 3，MmpL3）的膜蛋白，在分枝菌酸的制造过程中起关键作用[9]。它负责把细菌在细胞内合成的分枝菌酸前体转运到细胞膜外。这些前体物质会被进一步加工成分枝菌酸[9]。因此，MmpL3 在分枝菌酸合成通路中就起到一台"传送机"的作用。这台传送机的动力来源于细胞膜外侧的质子向膜内侧流动形成的质子流。这股质子流就像水流发电一样，源源不断地给这台传送机提供动力[10, 11]。由于 MmpL3 对分枝杆菌至关重要，已成为抗结核新药研发的一个关键靶标。更重要的是，国际制药公司利用高通量技术筛选获得的抗结核新药 SQ109（已完成临床 II～III 期试验）可能靶向 MmpL3[12-16]。但令人遗憾的是，这台传送机的构造仍然是一个谜，而科学家对临床抗结核药物 SQ109 如何靶向 MmpL3 的分子机制更是一无所知，这些都成为抗结核新药研发中的国际难题，同时也极大地限制了针对该靶点的新药研发。

■ 研究内容及结果

1. 揭开"传送机"MmpL3 的神秘面纱

为了揭开这台"传送机"的神秘面纱，本研究团队历时 6 年，先后克服了样品量少、稳定性差、晶体难生长以及衍射差等一系列的难题，最终运用 X 射线晶体学衍射技术，成功解析了药物靶点蛋白 MmpL3 在原子分辨率水平的三维空间结构（图 6-1）。研究发现，MmpL3 可分为

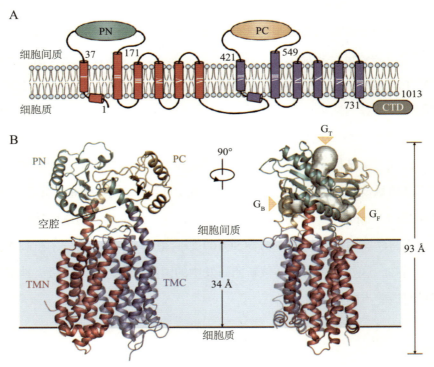

图 6-1   药物靶点蛋白 MmpL3 三维空间结构示意

注：A. 全长 MmpL3 的拓扑图；B. MmpL3 晶体结构卡通图；细胞质 C 末端结构域（cytoplasmic C-terminal domain，CTD）。下同。

膜外、跨膜和细胞内 3 个部分。由于细胞内结构域稳定性较差，在解析的晶体结构中不包括这一部分。MmpL3 的跨膜结构域由 12 个跨膜螺旋（transmembrane helices，TMH）组成，存在假二次对称轴。在跨膜螺旋 TMH4 和 TMH10 的中部存在 4 个亲水氨基酸即"天冬氨酸 – 酪氨酸（Asp-Tyr D-Y）"残基对。在底物转运过程中，它们参与质子的内流。细胞间质结构域共包括 7 个 α 螺旋（α1 ～ α7）和 6 个 β 片层（β1 ～ β6），分为两部分，即周质 N 结构域（periplasmic N-domain，PN）和周质 C 结构域（periplasmic C-domain，PC），分别位于跨膜螺旋 TMH1/2 和跨膜螺旋 TMH7/8 之间。PN 和 PC 相互嵌合形成一个空腔（cavity）。该空腔具有 3 个方向的开口（G_F、G_B 和 G_T）。在每个开口的入口处都存在大量的亲水性氨基酸。空腔的内部主要由疏水氨基酸组成，猜测该空腔可能参与底物海藻糖单分枝菌酸酯（trehalose monomycolate，TMM）的向外转运。

2. "传送机" MmpL3 可能的工作机制

为揭示"传送机"的工作机理，我们还捕捉到 MmpL3 识别底物（分枝菌酸合成前体类似物）时的状态，首次描绘了在工作状态时的三维图像（图 6–2）。细胞内合成的 TMM，通过疏水尾巴嵌合在细胞膜的内侧，随后经 MmpL3 的翻转作用[17]，由细胞膜内侧转移到细胞膜的外侧，疏水尾巴仍嵌合在细胞膜上。MmpL3 再以某种方式把位于细胞膜外侧的 TMM 从细胞膜上拽出，借助跨膜螺旋 TMH1 ～ TMH2 或跨膜螺旋 TMH7 ～ TMH8 的凹槽[18-20]，经 G_F 的开口进入 PN 和 PC 形成的空腔中，再经 G_T 开口的释放完成底物 TMM 的向外转运。需要注意的是，底物 TMM 经 MmpL3 翻转和释放的过程是否相偶联并不清楚。无论如何，MmpL3 向外转运 TMM 的过程是靠质子内流产生的动力驱动的，而位于跨膜区的"天冬氨酸 – 酪氨酸"残基对介导了质子内流这一过程。需要注

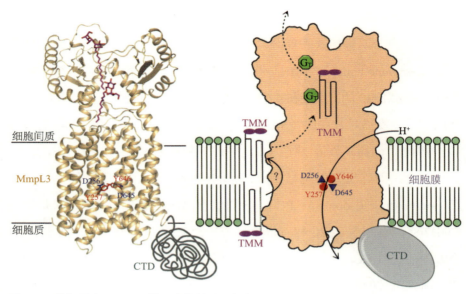

图 6-2　药靶蛋白 MmpL3 转运底物的可能机制

意的另一点是，以上的转运机制仅是基于我们复合物的结构和已有的研究结论提出的，还需要进一步的实验验证和完善。

3. 候选药物阻断"传送机" MmpL3 的分子机制

通过大规模细菌层面的表型筛选和全基因组的测序分析，到目前为止，发现有 8 类不同分子构型的具有抗菌活性的可能靶向 MmpL3 的抑制剂[15]。其中，乙二胺类 SQ109 已完成临床 II ～ III 期的试验[16]；吲哚类 NITD-349 也已完成临床前的试验[21]。试验结果表明，它们对耐药结核杆菌具有很好的杀菌效果。但令人遗憾的是，到目前为止，还鲜有分子层面的直接证据，同时抑制剂的作用机制仍然未知。为解决这一关键的问题，研究团队又分别解析了 MmpL3 与 3 种抑制剂（SQ109、AU1235 和 ICA38）复合物的三维空间结构，精确地确定了这些抑制剂与 MmpL3 的互作网络，揭示了候选药物 SQ109 等进攻 MmpL3 杀死细菌之谜。研究发现（图6-3），候选药物SQ109等抑制剂小分子都深深地嵌入MmpL3跨膜区，位于跨膜螺旋TMH4～TMH6和TMH10～TMH12形成的结合口袋中，并以伸展的构象被牢牢地锁在近似柱状体的空腔内。通过比较抑制剂结合前后MmpL3结构的差异和关键氨基酸的构象变化，发现这些抑制剂直接"封闭"MmpL3的质子内流通道，破坏MmpL3工作时的能量供给，从而阻断了分枝菌酸的向外转运，杀死病原体。

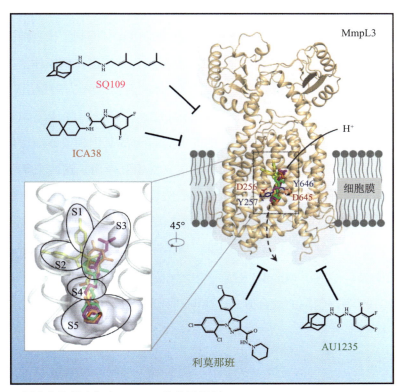

图6-3 候选药物精确靶向MmpL3的分子机制

4. 减肥药利莫那班靶向"传送机"MmpL3

MmpL3是当前一个非常具有临床开发前景的用于治疗耐药结核病的

新靶点[12, 13]。为了更有效地利用已获得的三维结构信息，发现具有抗菌活性的新化合物，本团队运用计算机"虚拟筛选"技术对戒药库中的小分子进行筛选，以期获得潜在的候选药物。这个过程就如同在成千上万的钥匙中，寻找可用于打开门锁的钥匙。令人惊讶的是，其中针对大麻素受体（cannabinoid receptor 1，CB1）的拮抗剂利莫那班（rimonabant）[22]，也是曾经市面上的一种减肥药，很好地匹配 SQ109 在 MmpL3 跨膜区的结合口袋，表明利莫那班可能是 MmpL3 的潜在抑制剂。这一猜测与 2016 年斯里尼瓦萨·雷迪（Srinivasa Reddy）等人报道的利莫那班具有抑制结核杆菌的生长活性相一致[23]。但遗憾的是，他们并没有揭示利莫那班在病原体结核杆菌中的作用靶点。很难想象，靶向人类蛋白受体的药物也可以杀死结核杆菌。

为了证实利莫那班的作用靶点是 MmpL3，本团队首先通过体内的过表达实验证明了细菌耐受利莫那班的能力与 *mmpl*3 基因相关；随后体外的亲和实验证明了利莫那班与 MmpL3 确实直接相互作用。这两个实验结果支持了利莫那班的作用靶点是 MmpL3 的假设。为进一步揭示利莫那班与 MmpL3 精确的互作模式和作用机制，本团队成功测定了 MmpL3- 利莫那班复合物的三维空间结构。结果表明，利莫那班确实也结合在 MmpL3 跨膜区的中央，作用于 MmpL3 的质子内流通道。但是，这种结合模式既不同于 SQ109 等抑制剂的结合方式，更与"利莫那班 - CB1 受体"的结合模式大相径庭（图 6-3）。这一发现为后期针对利莫那班骨架进行抑制剂的改构奠定了坚实的基础。

■ 成果和总结

MmpL3 在病原体结核杆菌细胞壁合成过程中负责细胞壁关键组分（分枝菌酸）的前体转运，是一个重要的抗结核新药研发的靶标。本研究创新性成果包括：①首次解析了 MmpL3 在原子分辨率水平的三维空间结构，并阐明该蛋白识别分枝菌酸前体的结构机制；②解析了药靶蛋白 MmpL3 与抗结核新药 SQ109 等 3 种抑制剂复合物的三维空间结构，揭示了 SQ109 等抑制剂如何精确靶向药靶蛋白、阻断分枝菌酸合成与转运通路、杀死细菌的全新分子机制；③发现一种减肥药利莫那班也是靶向 MmpL3 的抑制剂，并阐明抑制药靶 MmpL3 的分子机制。

不仅如此，根据以前的研究报道，MmpL3 隶属于抵抗、结瘤和分裂（resistance，nodulation and division，RND）蛋白质超家族，而这类蛋白质广泛存在于各种病原菌中。它们的主要功能类似于"药泵"。当细菌摄入抗生素以后，这类家族的蛋白质就开始工作，负责把细胞内的抗生素排出细胞外。因此，这类蛋白质也往往是病原体对抗生素耐药的"罪魁祸首"。尽管 RND 蛋白质超家族的成员众多，但是发挥功能的机制却基本一致，即利用质子内流获取能量、行使功能。本研究首次勾画了小分子抑制剂如何精确靶向 RND 超家族成员质子内流通道的三维图像。这不仅为抗结核新药研发奠定了重要的理论基础，更为新型抗生素的研发、解决全球日趋严重的细菌耐药问题开辟了一条全新途径。

以上重大研究成果于 2019 年年初刊登在《细胞》（Cell）上[24]。该成果一经发表，便在国际学术界和产业界受到关注。同时，该工作也为我国研发具有自主知识产权的抗结核新药奠定了重要的基础。此外，揭示抗结核新药的靶点和作用机制及潜在新药的发现的研究成果，还入选教育部评选的"2019 年度中国高等学校十大科技进展"。

参考文献

[1] Schito M，Migliori G B，Fletcher H A，et al. Perspectives on advances in tuberculosis

diagnostics, drugs, and vaccines [J]. Clin. Infect. Dis., 2015, 61 (Suppl 3): S102−S118.

[2] World Health Organization. Global Tuberculosis Report 2019 [M]. 2019.

[3] Brown L, Wolf J M, Prados R R, et al. Through the wall: extracellular vesicles in Gram-positive bacteria, mycobacteria and fungi [J]. Nat. Rev. Microbiol., 2015(13): 620−630.

[4] Barkan D, Liu Z, Sacchettini J C, et al. Mycolic acid cyclopropanation is essential for viability, drug resistance, and cell wall integrity of *Mycobacterium tuberculosis* [J]. Chem. Biol., 2009 (16): 499−509.

[5] Verschoor J A, Baird M S, Grooten J. Towards understanding the functional diversity of cell wall mycolic acids of *Mycobacterium tuberculosis* [J]. Prog. Lipid. Res., 2012 (51): 325−339.

[6] Barkan D, Hedhli D, Yan HG, et al. *Mycobacterium tuberculosis* lacking all mycolic acid cyclopropanation is viable but highly attenuated and hyperinflammatory in mice [J]. Infect. Immun., 2012 (80): 1958−1968.

[7] Dubnau E, Chan J, Raynaud C, et al. Oxygenated mycolic acids are necessary for virulence of *Mycobacterium tuberculosis* in mice [J]. Mol. Microbiol., 2000 (36): 630−637.

[8] Nataraj V, Varela C, Javid A, et al. Mycolic acids: deciphering and targeting the Achilles' heel of the tubercle bacillus [J]. Mol. Microbiol., 2015 (98): 7−16.

[9] Grzegorzewicz A E, Pham H, Gundi V A, et al. Inhibition of mycolic acid transport across the *Mycobacterium tuberculosis* plasma membrane [J]. Nat. Chem. Biol., 2012 (8): 334−341.

[10] Domenech P, Reed M B, Barry C E. Contribution of the *Mycobacterium tuberculosis* MmpL protein family to virulence and drug resistance [J]. Infect. Immun., 2005 (73): 3492−3501.

[11] Viljoen A, Dubois V, Girard-Misguich F, et al. The diverse family of MmpL transporters in mycobacteria: from regulation to antimicrobial developments [J]. Mol. Microbiol., 2017 (104): 889−904.

[12] Jackson M, McNeil M R, Brennan P J. Progress in targeting cell envelope biogenesis in *Mycobacterium tuberculosis* [J]. Future. Microbiol., 2013 (8): 855−875.

[13] North E J, Jackson M, Lee R E. New approaches to target the mycolic acid

biosynthesis pathway for the development of tuberculosis therapeutics［J］．Curr. Pharm. Des.，2014（20）：4357-4378.

［14］ Tahlan K，Wilson R，Kastrinsky D B，et al. SQ109 targets MmpL3，a membrane transporter of trehalose monomycolate involved in mycolic acid donation to the cell wall core of Mycobacterium tuberculosis［J］．Antimicrob. Agents. Chemother.，2012（56）：1797-1809.

［15］ Poce G，Consalvi S，Biava M. MmpL3 Inhibitors：Diverse chemical scaffolds inhibit the same target［J］．Mini. Rev. Med. Chem.，2016（16）：1274-1283.

［16］ World Health Organization. Global Tuberculosis Report 2018（WHO）［M］．2018.

［17］ Xu Z，Meshcheryakov V A，Poce G，et al. MmpL3 is the flippase for mycolic acids in mycobacteria［J］．Proc. Natl. Acad. Sci. USA，2017（114）：7993-7998.

［18］ Kumar N，Su C C，Chou T H，et al. Crystal structures of the Burkholderia multivorans hopanoid transporter HpnN［J］．Proc. Natl. Acad. Sci. USA，2017（114）：6557-6562.

［19］ Li X，Wang J，Coutavas E，et al. Structure of human Niemann-Pick C1 protein［J］．Proc. Natl. Acad. Sci. USA，2016（113）：8212-8217.

［20］ Oswald C，Tam H K，Pos K M. Transport of lipophilic carboxylates is mediated by transmembrane helix 2 in multidrug transporter AcrB［J］．Nat. Commun.，2016（7）：13819.

［21］ Rao S P，Lakshminarayana S B，Kondreddi R R，et al. Indolcarboxamide is a preclinical candidate for treating multidrug-resistant tuberculosis［J］．Sci. Transl. Med.，2013（5）：214ra168.

［22］ Rinaldi C M，Barth F，Heaulme M，et al. SR141716A，a potent and selective antagonist of the brain cannabinoid receptor［J］．FEBS Lett.，1994（350）：240-244.

［23］ Ramesh R，Shingare R D，Kumar V，et al. Repurposing of a drug scaffold：Identification of novel sila analogues of rimonabant as potent antitubercular agents［J］．Eur. J. Med. Chem.，2016（122）：723-730.

［24］ Zhang B，Li J，Yang X，et al. Crystal structures of membrane transporter MmpL3，an Anti-TB drug target［J］．Cell，2019（176）：636-648.

哺乳动物第一次细胞命运决定的新模式

王加强 李 伟 周 琪

引 言

当我们处于懵懂的孩童时期时，会好奇："我是从哪里来的呢？"当我们成长为求知的少年时，会好奇："地球上五彩缤纷的植物和千奇百怪的动物是如何诞生的呢？"当我们长大、成熟甚至慢慢变老时，依旧会好奇："生命是如何诞生，又是如何演化的呢？茫茫宇宙中究竟有没有其他生物存在呢？"对于生命的好奇与敬畏，是每个人与生俱来的。古人的哲学智慧告诉我们："一生二，二生三，三生万物。"随着科技的进步，我们也对生命的诞生有了一些初步的了解。

第一阶段：无机物变有机物。在远古地球上，随着电闪雷鸣，混乱的化学反应发生了，并产生了一种有机物、两种有机物、三种有机物……无数种有机物。

第二阶段：有机物变细胞。不同的有机物在地球这个大熔炉里随机地组合着、碰撞着，进行无穷多种组合后，终于出现了一种稳定的组合——细胞。从此单细胞生物诞生了，一种、两种、三种……无数种。

第三阶段：单细胞生物变多细胞生物。单细胞生物通过细胞分裂进行增殖，一个细胞分裂为两个细胞，两个细胞分裂为四个细胞……由于每一个细胞在功能上是相互独立的，所以得到的都是单细胞生物。当一个细胞生命体分裂成两个细胞——这两个细胞并没有像往常一样分成独立的两个生命体——而是学会了相互配合、相互支持、彼此依存形成一个生命体的时候，多细胞生物（很多细胞组成的生命体）便产生了。漫长的进化过程使多细胞生物不断壮大，不断产生越来越复杂的多细胞生物。

那么，是什么力量造就了单细胞分裂后的两个细胞相互依存，从而打下了形成多细胞生物的基础呢？答案是"细胞命运决定"。每个单细胞生物在功能上是完全独立的，即使很多个单细胞生物紧密结合在一起形成一团细胞，也是一团单细胞生物，而不能称之为一个多细胞生物。单细胞生物在进行细胞分裂时，如果没有进行"细胞命运决定"，那么得到的两个子代细胞之间在"命运"上就没有差异，都是完全独立的生命体。"细胞命运决定"是多细胞生物诞生的基础，当细胞分裂后得到的两个子细胞在"命运"上存在差异，"分工"和"协作"便产生了，多细胞生命体也就产生了。

研究"细胞命运决定"是探寻生命本质的必由之路。

背景

从进化角度讲，哺乳动物是最高等的生命体，人类智慧的诞生更是给生命的进化添上了浓墨重彩的一笔。哺乳动物作为一种多细胞生物，也是由一个细胞（受精卵）经过固定的"程序"，不断地进行细胞分裂和细胞分化最终形成的。细胞分化（cell differentiation）是指细胞发生一系列的内外变化，产生在性质、结构、功能上不同的细胞类型的过程。比如，组成人体的 200 多种细胞（心肌细胞、肝脏细胞、肾细胞、皮肤细胞和红细胞等），彼此之间在性质、结构、功能上完全不同，属于不同类型的细胞，就是由细胞分化产生的。

　　细胞分化的基础是细胞命运决定（cell fate determination）。也就是说，细胞在表现出明显的形态和功能变化之前，就已经得到了"指令"，会发生一些表面上看不出来的隐蔽性变化，使细胞命运朝着特定方向发展。这一"指令"就是细胞命运决定（图 7-1）。细胞命运决定使单细胞在不断分裂后变成了多细胞生物，而不是一团单细胞生物。第一次细胞命运决定无疑是多细胞生物脱离"一团单细胞生物"的最关键的转折点。

　　多细胞生物从单细胞到成体的过程称为发育，其中在卵膜内的发育称为胚胎发育。胚胎发育过程中，第一次细胞命运决定发生在什么时期？是

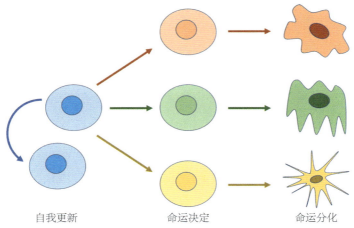

自我更新　　　　　　命运决定　　　　　　命运分化

图 7-1　细胞的自我更新、命运决定及命运分化示意

通过什么机制实现的？这是发育生物学领域一直关注的问题之一。

19 世纪 80 年代，胚胎学家魏斯曼（Weismann）提出了嵌合型发育（mosaic development）学说。他认为，受精卵中存在大量的信息物质——形态发生决定子（determinant，或称为成型素、胞质决定子）。随着受精卵分裂的进行，决定子会被不均等地分配到子细胞中去，控制子细胞的发育命运。本质上讲，嵌合型发育学说认为组成有机体的所有细胞的命运，早在受精卵时期就已经被决定了。1887 年，胚胎学家鲁（Roux）的实验支持了嵌合型发育学说。他用烧热的解剖针破坏 2- 细胞期蛙胚的一个卵裂球，结果存活的另一个卵裂球只能发育为半个胚胎（图 7-2）。

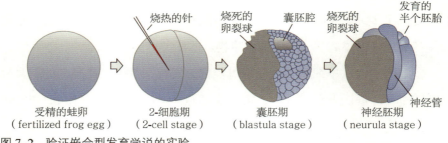

图 7-2　验证嵌合型发育学说的实验

低等动物的受精卵很大（夏天在河沟里，可以清晰地看见一堆堆的蛙卵），母源物质很丰富，不需要激活胚胎细胞的基因表达，就可以支持很长时间的发育。所以，嵌合型发育的理论可以解释低等动物胚胎发育过程中的细胞命运决定。例如，线虫受精卵中的母源物质就不是均匀分布的。决定生殖细胞命运的生殖质颗粒（germline plasm granules，Pgranules），通常叫作 P 颗粒，集中在受精卵的一端，在第一次细胞分裂结束时形成一个 AB 大细胞和一个含有 P 颗粒的 P1 小细胞。这两个细胞在性质、形态、功能上完全不同，已经完全分化为两类细胞。也就是说，第一次细胞命运决定在受精卵时期就已经发生了，是由受精卵中 P 颗粒等母源物质的分布不均实现的（图 7-3）。

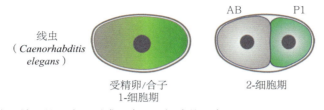

线虫
（*Caenorhabditis elegans*）

受精卵/合子
1-细胞期

AB P1

2-细胞期

图 7-3 线虫受精卵第一次分裂成两个不同细胞的示意

相对于低等动物的受精卵，哺乳动物的受精卵要小得多，含有的母源物质比低等动物要少得多。目前，并没有找到分布非常不均匀并且影响第一次细胞命运决定的物质。另外，哺乳动物胚胎完全依靠母源物质的发育时间很短，为了支持胚胎发育，胚胎基因在受精卵时期就开始激活表达了。因此，适用于低等动物的嵌合型发育模式并不适合哺乳动物胚胎发育。事实上，从形态学角度观察，哺乳动物胚胎在 8- 细胞期致密化之前，各个卵裂球（受精卵分裂早期细胞数量较少，基本能数得过来，这时候细胞也可称为卵裂球）之间，确实没有明显差别（图 7-4）。

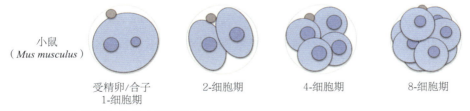

小鼠
（*Mus musculus*）

受精卵/合子
1-细胞期

2-细胞期

4-细胞期

8-细胞期

图 7-4 8- 细胞期之前的小鼠胚胎细胞形态

以小鼠为例，发育生物学家对哺乳动物胚胎发育第一次细胞命运决定的认知，主要经历了 3 个阶段。

第一阶段，早在 1967 年，基于对胚胎发育过程的形态学观察，安杰伊·塔尔科夫斯基（Andrzej Tarkowski）等提出了"内 - 外模型"（图

7-5A），认为在囊胚腔出现后，胚胎细胞因所处的环境不同，有了明确的内外分布，一部分细胞紧紧贴着透明带（蓝色细胞），为外层细胞，另一部分细胞并不与透明带接触（黄色细胞），为内部细胞，从而导致第一次命运决定[1]。内 - 外模型认为哺乳动物第一次细胞命运决定发生在囊胚期。

第二阶段，1981 年，基于对胚胎发育过程的形态学观察，马丁·约翰逊（Martin Johnson），提出了"极化模型"（图 7-5B），认为在 8- 细胞期发生了致密化，使胚胎外表面的细胞膜与细胞膜之间建立了紧密连接，形成了致密的细胞膜，而胚胎内部的细胞膜之间并没有建立紧密连接，导致外表面和内部的细胞膜在本质上出现了不同。随着细胞分裂的进行，致密化细胞膜在 16- 细胞期出现不同程度的继承。继承了致密化细胞膜的细胞（蓝色细胞）留在了胚胎表面，没有继承致密化细胞膜的细胞（黄色细胞）进入了胚胎内部，导致第一次细胞命运分化[2, 3]。"极化模型"认为哺乳动物第一次细胞命运决定发生在 8- 细胞期。

第三阶段，随着分子生物学的发展，自 2007 年开始，越来越多的证据表明，早在 4- 细胞期不同卵裂球之间就已经在分子层面出现差异。例如，2007 年，玛格达琳娜·扎尼卡 - 戈茨（Magdalena Zernicka-Goetz）发现，由表观修饰因子精氨酸甲基转移酶共激活物 1（coactivator associated argininemethyltransferase 1，CARM1）及正调控域锌指蛋白 14（positive regulatory domain zinc finger protein 14，PRDM14）催化的激活型表观修饰组蛋白 H3 第 26 位精氨酸甲基化修饰（histone H3 arginine 26 methylation，H3R26me）水平不同，具有更高 H3R26me 水平的卵裂球倾向内细胞团命运[4]；SOX2、OCT4 等多能性相关转录因子与靶 DNA 结合的程度及稳定性不同，结合更紧密的卵裂球倾向于内细胞团命运[5, 6]；SOX2、OCT4 等多能性相关转录因子的靶基因 SOX 21 的表达水平存在差异，表达水平高

的卵裂球倾向内细胞团命运[7]。即第一次细胞命运分化发生在 4- 细胞期
（图 7-5C）。

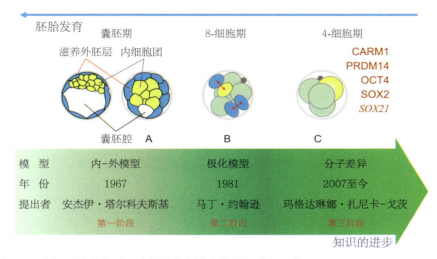

图 7-5   小鼠胚胎发育第一次细胞命运决定的认知发展

随着高通量测序的发展，越来越多的科学家推测，小鼠 2- 细胞期的两
个卵裂球之间就已经产生了差异。但究竟哪些差异会造成细胞命运决定？
2- 细胞期是否存在可以决定细胞命运的生物分子？ 2- 细胞期到 4- 细胞期
的小鼠胚胎非常特殊，这个时期的胚胎基因大量被激活，包括大量的内源
逆转录病毒序列[8]。内源逆转录病毒序列存在于所有有颌脊椎动物的基因
组中，是进化上内化于基因组内的病毒序列（被基因组改造后失去了包装
成病毒的能力），而且在基因组中的占比不低：在人类基因组中占了 8% 的
份额[9]，在小鼠基因组中占了 10% 的份额[10]。

一直以来，科学家都认为内源逆转录病毒序列是基因组内的垃圾
DNA，甚至有可能是"内奸"，指不定哪天就会暗中"搞破坏"（再次变成
病毒）。随着科学的发展，科学家越来越多地了解到，其实内源逆转录病
毒序列一直都在"默默无闻"地发挥独特的生物学作用。例如，哺乳动物

胎盘正是由于表达了内源逆转录病毒来源的合胞素蛋白（Syncytin），才获得了侵袭母体的能力[11]。

2016 年，我们报道了一个内源逆转录病毒相关的小鼠 2- 细胞发育所必需的长链非编码 RNA，并将其命名为 LincGET[8]。LincGET 在小鼠 2- 细胞期和 4- 细胞期特异表达。干扰表达后，胚胎发育阻滞于 2- 细胞期晚期。这表明 LincGET 是小鼠 2- 细胞期胚胎继续发育所必需的一个长链非编码 RNA。以 LincGET 为指引，从内源逆转录病毒序列着手，研究其在 2- 细胞期至 4- 细胞期特异性高表达的原因及带来的结果，很可能为第一次细胞命运决定的研究打开新的思路。

研究目标

生命科学的基础研究旨在探索发现自然及生命的奥秘以及内在规律，并利用科研发现提高人类认知、改善生活水平、治疗人类重大疾病等。从细胞水平上讲，机体细胞的功能缺失或异常、衰老死亡和意外创伤等，是人类疾病发生的根本原因。如果机体不能有效地清除及替换这些"罢工"的细胞，疾病就不会被治愈。传统医学通过药物或手术等治疗手段并不能从根本上替换或清除这些"罢工"的细胞，所以很多疾病并不能通过传统医学手段得到治愈，如帕金森病、脊髓损伤等。干细胞治疗通过改造或替换受损或衰老的细胞、组织甚至器官来重建那些"罢工"细胞的功能。对一些传统医学力所不能及的疾病治疗方面来说，这是革命性的研究成果。可以预见，在未来的几十年里，干细胞治疗将掀起广泛而深入的再生医学革命。

但是，由于目前我们对干细胞全能性的本质（能够分化出机体所有细胞类型的能力称为全能性，比如，受精卵可以发育成一个完整个体，就是因为具有全能性）、细胞命运决定的机制等了解不足，并不能随心所欲地获得不同类型的细胞用于替换治疗。例如，虽然我们明白帕金森病是由脑部丢失了多巴胺能神经元造成的，可以通过移植多巴胺能神经元进行治疗，但是却并不能高效地获得高纯度的多巴胺能神经元；虽然我们知道心肌梗死等心脏病是由心肌细胞坏死导致的，可以通过移植功能性的心肌细胞进行治疗，但是却并不能高效地获得高纯度的心肌细胞。因此，研究干细胞全能性的本质以及细胞命运决定的机制，是推动干细胞治疗发展的关键理论基础之一。

胚胎发育早期的卵裂球是具有全能性的细胞，是研究干细胞全能性以及细胞命运决定机制的绝佳材料。本研究主要以 LincGET 及内源逆转录病毒序列为切入点，探究小鼠胚胎发育过程中的第一次细胞命运决定发生的时期以及机制。

研究内容与结果

基于 2016 年的发现——LincGET 是一个内源逆转录病毒相关的小鼠 2- 细胞期发育所必需的长链非编码 RNA，在小鼠 2- 细胞期和 4- 细胞期特异表达——本团队首先对 LincGET 在小鼠 2- 细胞期和 4- 细胞期各个卵裂球之间的表达情况进行了细致的分析。我们通过单细胞 RNA 高通量测序、单细胞实时荧光定量 PCR、RNA 荧光原位杂交等技术，发现 LincGET 在 2-细胞期 2 个卵裂球之间不均等表达，在 4- 细胞期 4 个卵裂球之间也不均等表达。

接下来，我们通过显微注射的方法，在 2- 细胞期的一个卵裂球中注射过表达的 LincGET，同时注射核膜定位的绿色荧光蛋白 GFP 作为示踪分子，然后在囊胚期对其子细胞命运进行分析。结果发现，过表达的

LincGET 的卵裂球倾向于内细胞团命运。为了排除该结果是由于注射长链非编码 RNA 造成的假阳性结果，我们注射过表达的其他一些长链非编码 RNA 作为对照，结果并没有发现这种影响细胞命运决定的现象。此外，为了进一步验证结果的可靠性，我们通过显微注射的方法对 LincGET 进行了干扰，以"消灭"注射细胞中的 LincGET，然后观察对细胞命运决定的影响。结果发现，"消灭"掉 LincGET 之后，卵裂球不再倾向于内细胞团命运，反而有倾向于滋养外胚层的趋势。这些结果说明，LincGET 能促使卵裂球倾向内细胞团命运，暗示 2- 细胞期 LincGET 在 2 个卵裂球之间的不均等表达，可能是促进第一次细胞命运决定的关键因素之一。

另外，在注射过表达的 LincGET 的同时干扰 CARM1，卵裂球不再倾向于内细胞团命运，反而有倾向于滋养外胚层的趋势。这表明 LincGET 调控内细胞团命运倾向依赖于 CARM1 蛋白。

那么，LincGET 是如何依赖 CARM1 的呢？我们借助免疫杂交、免疫染色、免疫沉淀等一系列的分子生物学手段，发现 LincGET 与 CARM1 能够形成 RNA- 蛋白质复合体，在细胞核内共定位，并且 LincGET 能够促进 CARM1 在细胞核内定位。这说明，LincGET 能通过与 CARM1 形成复合体，促进 CARM1 在细胞核内的滞留，从而增加了 CARM1 在细胞核内的有效丰度。进一步的分子互作研究发现，LincGET 中间部分是与 CARM1 结合所必需的，而 CARM1 蛋白的反式转录激活结构域是与 LincGET 结合所必需的。这表明，LincGET 很可能作为 CARM1 的转录共激活因子发挥作用。

在功能研究方面，我们发现 LincGET 过表达和 CARM1 过表达相似，都可以促进 H3R26me 修饰的建立，促进 *Nanog*、*Sox*2、*Sox*21 等多能性相关基因在 RNA 水平及蛋白水平的表达。这表明，LincGET 通过与 CARM1 形成复合体，激活 CARM1 调控的下游生物学过程，包括促进染色质修饰

H3R26me 的建立以及靶基因转录激活，从而促进内细胞团命运倾向。

那么，为什么 LincGET 与 CARM1 复合体会促进内细胞团命运而不是滋养外胚层命运呢？通过染色质开放性检测手段，我们发现 LincGET 过表达和 CARM1 过表达相似，都可以促进内细胞团特异表达基因的启动子区域的开放（促进基因表达），而滋养外胚层特异基因的启动子区域则相对关闭（抑制基因表达）。这表明 LincGET 与 CARM1 形成的复合体倾向于在内细胞团特异基因的启动子区域建立激活型表观修饰。之前我们发现，LincGET 来源于内源逆转录病毒序列，与基因组内的转座子序列具有高度的相似性，可以通过结合转座子重复序列调节转录。因此，我们推测，LincGET 与 CARM1 形成的复合体很可能也是通过结合转座子重复序列，来调节基因组的开放性。通过生物信息学分析发现，在全基因组范围内，内细胞团特异表达基因的启动子区域离转座子重复序列相对更近；而滋养外胚层特异表达基因的启动子区域离转座子重复序列相对更远。因此，我们得出这样的结论：LincGET 与 CARM1 形成的复合体能特异性结合转座子重复序列，并建立激活型染色质修饰 H3R26me，增加转座子重复序列区域染色质的开放程度，并向周围扩展，从而增加离转座子重复序列更近的内细胞团特异表达基因的染色质区域开放程度，提高全能性相关基因的表达水平，从而促进内细胞团命运倾向（图 7-6）。

发展前景与展望

我们首次将小鼠早期胚胎发育的第一次细胞命运决定时期推到了 2- 细胞期阶段，而且发现关键的调控因子是一个内源逆转录病毒相关的长链非编码 RNA。长链非编码 RNA 将分子生物学研究提高到了新的层面，在干细胞多能性[12-17]、干细胞分化[18-20]、细胞周期调控[21-25]和癌症发生[26-

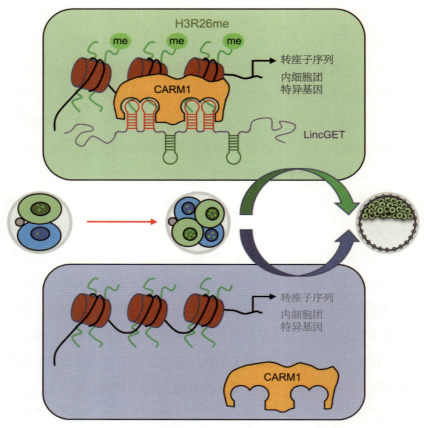

图 7-6　LincGET 与 CARM1 形成的复合体促进内细胞团命运的机制

29] 等领域大显身手，但由于实验材料及实验技术的限制，在早期胚胎发育过程中的功能研究却屈指可数。我们的成果扩展了长链非编码 RNA 的功能领域，为早期胚胎中长链非编码 RNA 的功能探索提供了新的参考和思路。

内源逆转录病毒在不同物种的早期胚胎发育过程中异常活跃，但人们对其功能知之甚少，目前仍停留在内源逆转录病毒活性与全能性水平相关的层面上：亮氨酸（Leucine，缩写为 Leu 或 L）类型小鼠内源逆转录病毒（murine endogenous retrovirus Leucine，MERVL）在 2- 细胞期至 4- 细胞期高表达；麦克法兰（Macfarlan）等以其为标志物筛选出了 2- 细胞样小鼠胚胎干细胞系[30]。人囊胚可以检测到赖氨酸（Lysine，缩写为 Lys 或 K）类型人内源逆转录病毒（human ERV[K]，HERVK）的病毒样颗粒蛋白。格罗（Grow）等以此为标志物获得了初始（naïve）样的人胚胎干细胞系[31]。我们发现，LincGET 可以广泛促进转座序列的染色质开放，并发现转座子重复序列倾向于靠近内细胞团相关基因，远离滋养外胚层相关基因。这就提出来一种可能——转座子序列的活化将染色质活化信号向周围扩展，从而激活内细胞团相关基因。这不仅扩展了内源重复序列的功能机制，同时也为早期胚胎发育过程中高度活跃的内源逆转录病毒的研究提供了新的线索和方案。

我们在研究中还发现，LincGET 除了含有 CARM1 结合结构域，还含有其他功能域。缺失这些功能域的 LincGET 虽然仍能与 CARM1 形成复合体，但形成的复合体失去了对靶基因的转录激活活性，而且过表达这种缺失突变体，具有显性负效应，即会使内源性的 CARM1 也失去转录激活活性。根据这些结果我们推测，LincGET 在细胞核内很可能起到"路标"的作用，正确指导 CARM1 的定位，从而调控 CARM1 的活性。LincGET 的"路标"作用机制在未来值得深入探索。

研究成果和总结

在发育生物学领域，哺乳动物胚胎发育过程中第一次细胞命运决定时期的确定，一直是大家关注的核心问题之一。我们的研究在国际上首次将小鼠胚胎发育过程中第一次细胞命运决定时期推到了 2- 细胞期，在理论上具有深刻的意义（图 7-7）。该工作于 2018 年 12 月 13 日在国际顶级学术期刊《细胞》（Cell）上发表后即受到了极大关注，国内诸多媒体对该成果

图 7-7   LincGET 调控小鼠第一次细胞命运决定的意义

进行了报道。

该工作以长链非编码 RNA 和内源逆转录病毒序列为切入点，系统地挖掘了 LincGET 促进内细胞团命运倾向的机制，为早期胚胎发育过程中长链非编码 RNA 和内源逆转录病毒等重复序列的研究，开辟了新的研究思路和方法，将会引领一批早期胚胎发育领域的相关发展。

随着基因编辑技术和干细胞技术的不断革新，干细胞治疗终将会带来再生医学的革命，如何获得全能性等级更高甚至全能性的干细胞是干细胞领域关注的核心问题之一。早期胚胎无疑是最高全能性的代表，对全能性以及第一次细胞命运决定机理的探索，将会加深人们对早期胚胎全能性本质的认识，为更高多能性甚至全能性干细胞的建立提供新的理论参考，促进干细胞相关技术的发展，推动干细胞治疗走向临床。

参考文献

［1］ Tarkowski A K，Wroblewska J. Development of blastomeres of mouse eggs isolated at the 4-and 8-cell stage［J］. J. Embryol. Exp. Morphol.，1967，18（1）：155−180.

［2］ Rossant J，Tam P P. Blastocyst lineage formation，early embryonic asymmetries and axis patterning in the mouse［J］. Development，2009，136（5）：701−713.

［3］ Johnson M H，Ziomek C A. The foundation of two distinct cell lineages within the mouse morula［J］. Cell，1981，24（1）：71−80.

［4］ Torres-padilla M E，Parfitt D E，Kouzarides T，et al. Histone arginine methylation regulates pluripotency in the early mouse embryo［J］. Nature，2007，445（7124）：214−218.

［5］ White M D，Angiolini J F，Alvarez Y D，et al. Long-lived binding of Sox2 to DNA predicts cell fate in the four-cell mouse embryo［J］. Cell，2016，165（1）：75−87.

［6］ Plachta N，Bollenbach T，Pease S，et al. Oct4 kinetics predict cell lineage patterning in the early mammalian embryo［J］. Nat. Cell Biol.，2011，13（2）：117−123.

［7］ Goolam M，Scialdone A，Graham S J，et al. Heterogeneity in Oct4 and Sox2 targets biases cell fate in 4-cell mouse embryos［J］. Cell，2016，165（1）：61−74.

［8］ Wang J，Li X，Wang L，et al. A novel long intergenic noncoding RNA indispensable for the cleavage of mouse two-cell embryos［J］. EMBO Rep.，2016，17（10）：1452−1470.

［9］ Nelson P N，Hooley P，Roden D，et al. Human endogenous retroviruses：transposable elements with potential？［J］. Clin. Exp. Immunol.，2004，138（1）：1−9.

［10］ Wu Y，Qi X，Gong L，et al. Identification of BC005512 as a DNA damage responsive murine endogenous retrovirus of GLN family involved in cell growth regulation［J］. PLoS One，2012：e35010.

［11］ Black S G，Arnaud F，Palmarini M，et al. Endogenous retroviruses in trophoblast differentiation and placental development ［J］. Am. J. Reprod. Immunol., 2010, 64 （4）: 255–264.

［12］ Lin N, Chang K Y, Li Z, et al. An evolutionarily conserved long noncoding RNA TUNA controls pluripotency and neural lineage commitment［J］. Mol. Cell, 2014, 53 （6）: 1005–1019.

［13］ Wang Y, Xu Z, Jiang J, et al. Endogenous miRNA sponge lincRNA-RoR regulates Oct4, Nanog, and Sox2 in human embryonic stem cell self-renewal ［J］. Dev. Cell, 2013, 25 （1）: 69–80.

［14］ Guttman M, Donaghey J, Carey B W, et al. LincRNAs act in the circuitry controlling pluripotency and differentiation ［J］. Nature, 2011, 477 （7364）: 295–300.

［15］ Guttman M, Amit I, Garber M, et al. Chromatin signature reveals over a thousand highly conserved large non-coding RNAs in mammals ［J］. Nature, 2009, 458 （7235）: 223–227.

［16］ Sheik M J, Gaughwin P M, Lim B, et al. Conserved long noncoding RNAs transcriptionally regulated by Oct4 and Nanog modulate pluripotency in mouse embryonic stem cells ［J］. RNA, 2010, 16 （2）: 324–337.

［17］ Hawkins P G, Morris K V. Transcriptional regulation of Oct4 by a long non-coding RNA antisense to Oct4-pseudogene 5 ［J］. Transcription, 2010, 1 （3）: 165–175.

［18］ Savic N, Bar D, Leone S, et al. LncRNA maturation to initiate heterochromatin formation in the nucleolus is required for exit from pluripotency in ESCs ［J］. Cell Stem Cell, 2014, 15 （6）: 720–734.

［19］ Ng S Y, Bogu G K, Soh B S, et al. The long noncoding RNA RMST interacts with SOX2 to regulate neurogenesis［J］. Mol. Cell, 2013, 51 （3）: 349–359.

［20］ Ng S Y, Johnson R, Stanton L W. Human long non-coding RNAs promote pluripotency and neuronal differentiation by association with chromatin modifiers and transcription factors ［J］. EMBO J., 2012, 31 （3）: 522–533.

［21］ Johnsson P, Ackley A, Vidarsdottir L, et al. A pseudogene long-noncoding-RNA network regulates PTEN transcription and translation in human cells ［J］. Nat. Struct. Mol. Biol., 2013, 20 （4）: 440–446.

［22］ Morachis J M, Murawsky C M, Emerson B M. Regulation of the p53 transcriptional response by structurally diverse core promoters ［J］. Genes Dev., 2010, 24 （2）: 135–147.

[23] Hung T，Wang Y，Lin M F，et al. Extensive and coordinated transcription of noncoding RNAs within cell-cycle promoters［J］．Nat. Genet.，2011，43（7）：621-619.

[24] Bao X，Wu H，Zhu X，et al. The p53-induced lincRNA-p21 derails somatic cell reprogramming by sustaining H3K9me3 and CpG methylation at pluripotency gene promoters［J］．Cell Res.，2015，25（1）：80-92.

[25] Huarte M，Guttman M，Feldser D，et al. A large intergenic noncoding RNA induced by p53 mediates global gene repression in the p53 response［J］.Cell，2010，142（3）：409-419.

[26] Yang C，Li X，Wang Y，et al. Long non-coding RNA UCA1 regulated cell cycle distribution via CREB through PI3-K dependent pathway in bladder carcinoma cells［J］．Gene，2012，496（1）：8-16.

[27] Wang X S，Zhang Z，Wang H C，et al. Rapid identification of UCA1 as a very sensitive and specific unique marker for human bladder carcinoma［J］．Clin. Cancer Res.，2006，12（16）：4851-4858.

[28] Ji P，Diederichs S，Wang W，et al. MALAT-1，a novel noncoding RNA，and thymosin beta4 predict metastasis and survival in early-stage non-small cell lung cancer［J］．Oncogene，2003，22（39）：8031-8041.

[29] Nobori T，Miura K，Wu D J，et al. Deletions of the cyclin-dependent kinase-4 inhibitor gene in multiple human cancers［J］．Nature，1994，368（6473）：753-756.

[30] Macfarlan T S，Gifford W D，Driscoll S，et al. Embryonic stem cell potency fluctuates with endogenous retrovirus activity［J］．Nature，2012：57-63.

[31] Grow E J，Flynn R A，Chavez S L，et al. Intrinsic retroviral reactivation in human preimplantation embryos and pluripotent cells［J］．Nature，2015，522（7555）：221-225.

小鼠早期胚胎全胚层时空转录组及三胚层细胞谱系建立的分子图谱

陈　俊　　崔桂忠　　彭广敦　　景乃禾

引　言

　　生命作为自然最美的杰作，其诞生过程令人着迷。在早期胚胎发育阶段，受精卵通过细胞增殖和细胞分化形成囊胚；囊胚在子宫着床后经过原肠运动（gastrulation）形成外（ectoderm）、中（mesoderm）、内（endoderm）3 个胚层。外胚层将发育成机体的神经、皮肤等组织，中胚层将发育成心脏、血液、肌肉和骨骼等组织，而内胚层则发育成肺、肝、胰腺和肠等内脏器官。因此，外、中、内 3 个胚层的形成过程对于胚胎发育的正常进行十分重要，为后续的器官发生和形态建成提供了发育蓝图，并影响胎儿从母体的诞生。正如英国著名发育生物学家路易斯·沃尔珀特（Lewis Wolpert）所说："人生最重要的阶段不是出生和结婚，甚至不是死亡，而是原肠运动。"在原肠运动时期，每一个细胞是如何增殖、分化、迁移，并最终形成各种组织和器官的？这一问题是发育生物学家一直努力寻找答案的重要科学问题。通俗地讲，对于我们每一个人来说，回答"你是谁？你从哪里来？你要到哪里去？"的终极三问，就能够帮助我们建立每一个人的家谱；而对于胚胎发育早期的细胞而言，回答上述问题就是为每一个细胞建立"细胞谱系"。

研究背景

家谱是一个家族的历史记载，通过家谱能够了解当时的历史面貌、时代精神、社会风尚，了解在特定历史背景下人们的生产、生活情况。家谱文化在中国源远流长，博大精深。"夫家有谱、州有志、国有史，其义一也"，清代著名史学家章学诚更是把家谱与国史、方志相提并论，可见家谱的重要性。有趣的是，欧洲中世纪皇室完整而精详的家谱还帮助医学遗传学家发现了血友病的遗传学机制。既然家谱如此重要，那么给细胞建立家谱、探寻生命的发育过程就成了科学家们追求的终极目标。

哺乳动物的胚胎发育是一个精细调控的过程。在胚胎发育过程中，由受精卵分裂得到的少量细胞形成不同的胚层，并选择走向不同的发育命运，逐渐形成具有不同功能的各种组织器官，最终发育为成熟的生物个体[1-4]，这些细胞发育分化过程的总和就是细胞谱系。

已有的研究表明，高等动物胚胎发育早期都经历了一个叫原肠运动的生物学过程。通过原肠运动中剧烈的细胞增殖、细胞迁移和细胞分化，形成外、中、内 3 个胚层，并进一步决定细胞的发育分化命运[4-6]。以小鼠胚胎发育为例，大约在胚胎发育的 6.5 天（embryonic 6.5，E6.5），胚胎后端出现一个叫原条（primitive streak）的结构，标志着原肠运动的起始。随后，胚胎的上胚层（epiblast）细胞发生上皮 - 间充质转换（epithelial mesenchymal transition，EMT），越过原条向外迁移并包裹胚胎，形成新生的中胚层和内胚层。相应地，留在胚胎前端的上胚层细胞将发育成为外胚层[7]。在胚胎发育的 E7.5 天，原肠运动完成，胚胎的细胞数目由 E6.5 天的约 660 个细胞，增长为 E7.5 天的 1.6 万个细胞，细胞数量增加 24 倍之多[8, 9]。同时，小鼠胚胎也由单一的上胚层细胞，发育分化为具有不同发育潜能的外、中、内 3 个胚层前体细胞。这时，上胚层细胞的发育潜能也逐步受限，由多能性的上胚层干细胞转变为不同胚层的前体细胞（mesendoderm），如中内胚层前体细胞[1, 2]。由此可见，小鼠的原肠运动不仅具有强烈的细胞增殖和细胞迁移能力，同时也决定了各个胚层的发育分化命运。

20 世纪八九十年代，人们对哺乳动物特别是小鼠原肠运动中的细胞命运进行了详细的谱系追踪，建立了胚层发育分化的命运图谱（fate map）[6, 10–12]。这些谱系示踪的结果表明，原肠运动时期不同细胞在胚胎中的空间位置与其所受信号通路的影响，决定了这些细胞的发育走向。例如，在胚胎前端的上胚层细胞主要发育为外胚层，并进一步特化为神经外胚层与表皮外胚层。神经外胚层在胚胎前后体轴上的位置差别决定了其区域性的发育命运，由前至后依次发育为前脑、中脑、后脑和脊髓。关于中、内胚层细胞在小鼠体内的发育分化，经典的原肠运动理论认为：在胚胎后端，上胚层细胞经过原条迁移至上胚层（此时位于胚胎内部）和内脏内胚层（visceral endoderm，VE，此时位于胚胎外侧）之间，并逐渐包裹整个胚胎[6, 12]。这些经过原条迁移的细胞，在骨形态发生蛋白（bone morphogenic protein，BMP）、无翅（wingless / integrated，Wnt）和 Nodal 信号的影响下，先分化发育为中内胚层前体细胞，再进一步分化为中胚层和内胚层（图 8–1）[13–16]。此时，位于胚胎最外侧的内脏内胚层被由原条迁移出来的定型内胚层（definitive endoderm）所代替，不参与胚胎各胚层的发育，只分化发育为胚外组织。

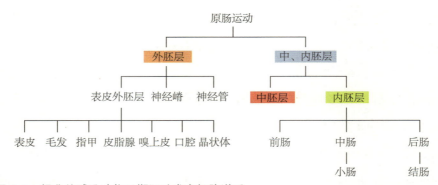

图 8-1　经典的哺乳动物早期胚胎发育细胞谱系

注：经典发育生物学观点认为，由原肠运动形成外、中、内胚层，并进一步分化发育为各个组织器官。

由于传统的细胞谱系示踪实验只能标记少量时期点的特定细胞，更糟糕的是，难以获得连续空间分辨率的动态参照体系，不能实时追踪整个分化发育过程中细胞的迁移和变化。且由于实验精度的限制，它只能为我们提供胚层发育的大致方向和路径，更精准、更详细的发育路径有待于用更先进的实验手段来揭示。如同早期的全球定位系统（global positioning system，GPS）信号精度为 100 m，用来绘制地图可以，但是用于汽车导航就勉为其难了。

除此之外，传统的细胞命运谱系知识还非常不完善。例如，传统的谱系示踪实验显示，胚胎发育的 E6.5 天，在原条前部一个小区域内的上胚层细胞经过迁移包裹，将分化发育为定型内胚层细胞，并进一步参与肺、肝脏和胃肠等内脏器官的发育[17, 18]。在小鼠原肠运动过程中是否真实存在中内胚层前体细胞？内胚层是起源于中内胚层前体细胞，还是由上胚层干细胞通过原条的迁移直接分化发育而来？科学家一直在努力探寻更准确的胚层发育谱系和路径，以解决这些困扰发育生物学界多年的科学问题。

2008 年，美国纽约的实验室利用 *Afp-GFP* 转基因小鼠，并结合激光共聚焦显微镜活体观测技术发现，在小鼠原肠运动过程中，被 GFP 蛋白标记的内脏内胚层细胞不仅参与胚外组织的发育，也参与胚胎内胚层如肝脏和肠胃等内脏器官的分化发育[19]。这一发现完全打破了内脏内胚层细胞不参与构成胚胎组织的观点，同时也给内胚层的起源提出了新的挑战。该实验室最新的研究结果表明，在迁移至上胚层和内脏内胚层之间的中胚层细胞中，有些细胞开始高表达 *Sox17* 基因。这些高表达 *Sox17* 基因的细胞从中胚层脱离，嵌入最外层的内脏内胚层细胞层，与留在最外层并高表达 *Sox17* 基因的内脏内胚层细胞融合，最终形成内胚层。因此，他们提出了一个内胚层分化发育的新模型：部分中胚层细胞从上胚层和中胚层中分离出来，向外嵌入内脏内胚层细胞层，并与内脏内胚层细胞混合成内胚层。在这一过程中，*Sox17* 基因发挥了重要作用[20]。

其实，20 世纪 80 年代，日本学者用电子显微镜就观察到，原肠运动中有细胞从中间细胞层嵌入内脏内胚层细胞层的现象[21]。但是当时，人们被传统观点所束缚，并未对此现象加以深入研究。这一新理论模型的提出加深了人们对胚层谱系发生的认识，但有关内胚层起源及内胚层在体内分化的问题仍然没有被彻底解决。这只是"细胞家谱"研究中的一个例子，如同 GPS 系统将定位精度由原来的 100 m 提高到 10 m，普通汽车导航可以运用了。但是如果用来精确指导细胞的命运分化，类似于辅助无人驾驶技术的运用，还需要继续创新研究。

■ 研究目标

哺乳动物早期胚胎发育是一个极其重要和复杂的生物学事件。在早期胚胎发育的原肠运动阶段，胚胎形成了外、中、内 3 胚层，为动物个体进一步的分化发育奠定了重要的基础。但目前人们对这一过程的认知还有待深入，细胞从胚胎发育开始的成长脉络仍有待揭示。鉴于此，首先，我们需要建立一种保留细胞空间位置的空间转录组分析方法（Geo-Seq）；然后，应用该方法分析小鼠早期胚胎发育各重要时间点的空间转录组数据，构建小鼠早期胚胎发育过程的系统发育树，绘制完整的原肠运动时空动态分子图谱；最后，通过对所获得的测序数据进行深度生物信息学分析，验证小鼠早期胚胎胚层模式建成的分子机制。以期能够指导发育生物学研究人员进一步通过谱系追踪等遗传学方法，研究胚层谱系建立和细胞命运决定；促进干细胞生物学研究人员对各种功能细胞体外分化体系的完善，推动细胞治疗和药物筛选工作的发展。

研究内容

1. 建立一种基于激光显微切割的低起始量空间转录组分析方法

技术的进步总是在帮助人们一步一步地接近事物的真相。近年来，单细胞高通量转录组测序技术被广泛应用于哺乳动物早期胚胎发育的研究中。基于这一技术的突破，人们有机会从全基因组范围内和单细胞、单碱基的极限分辨率层面，理解胚胎细胞谱系特化过程中的分子表达规律和潜在调控机制。然而，由于单细胞转录组技术首先需要将胚胎组织随机打散成单细胞悬液，随后针对单个细胞进行后续操作和建立文库，从而使每个细胞丧失了在原始胚胎组织中的空间位置信息。细胞的发育命运往往取决于其在胚胎中所处的位置，因此，对于哺乳动物早期胚胎发育的调控机制研究来说，基因表达的空间位置信息对于理解组织中细胞的身份和功能至关重要。然而，现有的基因表达空间位置图谱主要是通过报告基因或原位杂交等低通量方法获得的，这些方法导致构建胚胎发育时期基因表达数据库非常费力，也限制了多样本评估。

近期，研究人员创建的一些新工具，为空间位置信息研究提供了更大的灵活性和更高的通量，如高级多重荧光原位杂交（highly multiplexed fluorescence *in situ* hybridization）、成像切片或三维组织的原位测序（*in situ* sequencing）以及将基因表达投影到现有空间信息上的计算方法等。然而，上述方法在简易性、实验效率、空间分辨率、定量的准确性和基因数量等方面各有不同的优缺点。如何做到既能解析少量细胞转录组信息，又能保留细胞原有位置的信息呢？为了开发这一技术，本研究团队以原肠运动中期 E7.0 时期的胚胎为重点研究对象，通过对小鼠 E7.0 天的胚胎进行连续冰冻切片（厚度为 15 μm），在每个切片上选取上胚层前、后、左、右 4 个区域各约 20 个细胞，共收集 64 个显微切割的样本。将这些细胞样本的 RNA 提取出来，进行高分辨率的转录本测序，并对测序数据进行生物信息学分析。通过不断整合与优化，最终构建了一种能够获得少量细胞转录组信息，同时又能保留细胞原有位置信息的测序方法——Geo-seq。

Geo-seq 是一种高效、高分辨率的空间转录组分析方案，既可用于转录图谱的三维重建，也可以用于研究具有特殊结构的少量组织或细胞的转录组信息。相关成果于 2017 年发表在国际著名学术期刊《自然实验手册》（*Nature Protocols*）上[22]。利用这一技术，我们实现了对 E7.0 时期小鼠全胚胎上胚层的转录组分析[23]。但单独一个发育时间点的结果对揭示整个原肠运动胚层分化和细胞命运决定的机制来说，还存在许多局限。在单一时间点上，这一部分成果很好地回答了胚层细胞"你是谁"的问题。但是想要更好地回答胚层细胞"你从哪里来？你要到哪里去"的问题，还需要准确地刻画出其不同时间点的空间位置信息，并分析它们在时间上的演进路径，绘制出完整的 3 胚层细胞谱系的分子图谱。于是，本研究团队还需要对原肠运动的起始阶段（E6.5）、完成阶段（E7.5）及其他时期的小鼠胚胎进行类似的空间转录组分析，从而深入而全面地研究原肠运动过程中各个胚层细胞发育和模式建立的分子调控机制。

2. 小鼠着床后胚胎不同时期转录组数据的收集

E7.5 天的小鼠胚胎，3 个胚层已经分别建立，而且胚层的界限清晰，胚胎的结构复杂，细胞数量约有 1.6 万个，是 E7.0 天的近 3 倍。因此，本研究的取样耗时更长，RNA 的保存难度更大，丢失样本的风险也更大，整个空间转录组的分析难度也大大增加。针对 3 个胚层不同的特征，本研究分别在各个胚层挑选适当的位置和细胞数量，实行针对性的切割方案，以满足转录组分析的代表性（coverage）。经过努力，本研究团队完成了 E7.5 天胚胎样品的收集、高通量测序（RNA-seq）和生物学重复样本空间转录组数据的获取。

原肠运动起始于 E6.5 天，这时胚胎结构相对简单，仅由内（上胚层）、外（内脏内胚层）两层细胞组成。因此，针对这一时期的胚胎发育特征，本研究团队分别选取每层胚胎前部与后部的细胞进行切片，利用激光显微切割收集样品，然后通过深度测序，完成该时期胚胎以及生物学重复样本的转录组数据收集。

应用同样的思路，我们也完成了更早发育时期 E5.5 和 E6.0 激光显微切割的取样及转录组数据收集。至此，本研究团队获得了小鼠着床后早期胚胎 E5.5、E6.0、E6.5、E7.0 和 E7.5 共 5 个时期的空间转录组数据，为下一步的数据分析打下了坚实的基础。

3. 绘制完整的原肠运动时空动态分子图谱

在获得相关的胚胎空间转录组数据之后，本研究团队通过对原肠运动整个过程的时空动态分析，绘制了一张完整的胚胎发育谱系进化时空动态图，深入而全面地揭示了原肠运动过程中，各个胚层细胞发育的分子调控机制。从涵盖多个发育时期以及空间信息的"四维"转录组数据中，本研究团队鉴定了胚层分化特异的分子标记以及基因表达结构域；挖掘了各个胚层发育的关键转录因子以及转录因子调控网络；发现各个胚层命运决定的关键信号通路以及这些信号通路之间的相互作用；对比原肠运动中异常活跃的细胞周期和细胞代谢等通路与胚层发育关系，绘制出转录因子、信号通路与细胞增殖、细胞周期和细胞命运决定之间的关系；结合发育过程中最重要的时间和空间信息，构建小鼠早期胚胎发育过程的系统发育树，并从分子层面重构了胚层谱系的发生过程。

4. 小鼠早期胚胎胚层模式建立的分子机制的验证

通过对以上所得数据的生物学信息学分析，提炼出小鼠早期胚胎中决定胚层分化和细胞命运的关键转录因子、表面蛋白、信号分子和表观遗传因子；选取其中一些作为候选的目标分子进行详尽信号通路富集分析，从而阐明胚层关键信号作用区域及关键转录因子调控网络；结合功能实验，揭示 Hippo/Yap 信号通路在内胚层谱系发生过程中的重要作用。

■ 研究成果

1. 建立百科全书式全基因组的时空表达谱数据库

本研究收集了小鼠早期胚胎发育多个时期（E5.5、E6.0、E6.5、E7.0 和 E7.5）的外、中、内 3 个胚层超过 2 万个基因的空间表达数据（图 8-2），这些数据构成了小鼠早期胚胎百科全书式的全基因组时空表达数据谱库（http://egastrulation.sibcb.ac.cn/）。此数据库实现了小鼠早期胚胎所有表达基因高分辨率的数字化原位杂交图谱，具有供其他研究者查询和分析基因的三维表达模式、共表达关系以及根据特征表达模式检索基因等功能。这是目前国际上关于小鼠早期胚胎最全面、最完整的交互性时空转录组数据库。

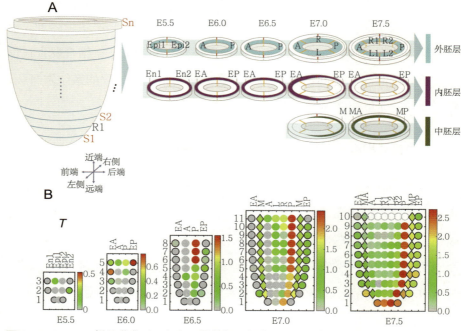

图 8-2　Geo-seq 样品收集（A）和二维数据可视化（B）示意

注：Epi1 为上胚层 1，A 为前端上胚层，P 为后端上胚层或原条，L 为左侧上胚层，R 为右侧上胚层，L1 为左侧前端外胚层，L2 为左侧后端外胚层，R1 为右侧前端外胚层，R2 为右侧后端外胚层，En1 为内胚层 1，EA 为前端内胚层，EP 为后端内胚层，M 为中胚层，MA 为前端中胚层，MP 为后端中胚层，B 图中红色代表高表达，不同的点代表在胚胎中不同的位置；S：1 样本（Sample）层；R：参考（reference）层。

2. 构建了小鼠早期胚胎发育过程的系统发育树，重构谱系演进过程

本研究发现，内胚层细胞可能很早就发生细胞命运特化，三胚层谱系建成时的内胚层与原始内胚层之间存在更紧密的联系。同时发现，部分外胚层和中胚层具有共同的前体细胞[24]（图 8-3）。这一新发现将指导发育

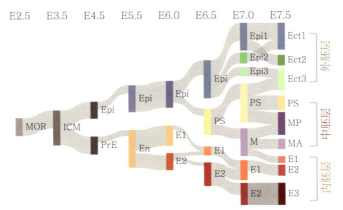

图 8-3 小鼠胚胎 E2.5~E7.5 天的空间结构域相似性示意

注：不同的颜色条代表不同时期的基因表达结构域，MOR 为桑椹胚，ICM 为内细胞团，Epi 为上
胚层，PrE 为原始内胚层，En 为内胚层，E1 为内胚层基因表达结构域 1，Ect 为外胚层，PS
为原条，M 为中胚层，MA 为前端中胚层，MP 为后端中胚层。计算结构域之间的相关性，
连接线的粗细分别表示相对相关性的强弱。

生物学研究人员进一步通过谱系追踪等遗传学方法，深入研究胚层谱系建立和细胞命运决定的调控机制。

3. 揭示胚层谱系演进的分子调控机制

本研究结合功能实验，首次发现 Hippo/Yap 信号通路在内胚层谱系发生过程中具有重要作用。同时，也找到了许多在胚层谱系发生过程中关键的转录因子（图 8-4）。这项工作系统全面地绘制了早期胚胎发育过程中，谱系建立的关键信号调控网络，将大大推动发育生物学和干细胞生物学对细胞命运决定的认识，深化对生命运行机制的理解。

■ 总结与展望

胚胎发育起始于受精卵，通过原肠运动建立了外、中、内 3 个胚层。三胚层的建立对后期胚胎的进一步发育非常重要，但这 3 个胚层的来源及

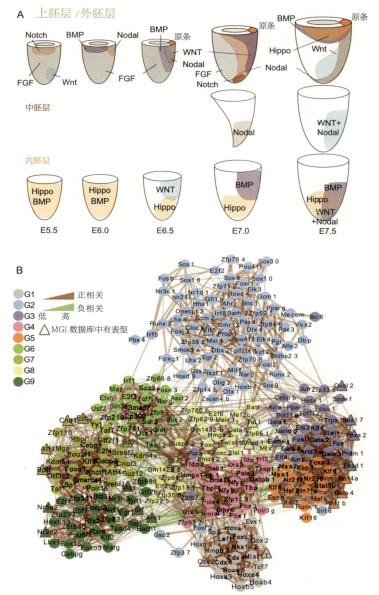

图 8-4　胚层关键信号作用区域（A）及关键转录因子调控网络（B）

注：不同颜色代表不同组的转录因子；G1~G9 分别为第 1~9 组转录因子，棕色连接线代表正相关，绿色连接线代表负相关，连接线的粗细分别代表相关性的强弱；小鼠基因信息组学（mouse genome informatics，MGI）数据库中敲除小鼠表型与原肠运动异常的标注为三角符号；本图绘制了小鼠胚胎 E5.5~E7.5 时期外、中、内 3 胚层的关键信号通路作用区域，Notch 表示缺刻基因信号通路，Nodal 表示节点基因信号通路，Hippo 表示河马基因信号通路；不同颜色代表不同组的转录因子 G1 表示第 1 组转录因子……

其分子调控机制一直不清楚。针对这一重要科学问题，中国科学院上海生物化学与细胞生物学研究所景乃禾研究组与中国科学院—马普学会计算生物学伙伴研究所韩敬东研究组、中国科学院广州生物医药与健康研究院彭广敦研究组合作，运用少量细胞显微切割并结合单细胞转录组测序技术，建立了空间转录组分析方法；解析了小鼠早期胚胎发育时期基因表达的时空变化特征，构建了小鼠早期胚胎最全面、最完整的交互性时空转录组数据库；系统揭示了小鼠原肠运动阶段的原位转录组表达谱，从发育时间和胚胎组织三维空间共 4 个维度，阐述了谱系特化过程中的分子调控规律以及多能性转变过程。深度分析表明，原始内胚层通过内脏内胚层直接参与胚胎内胚层的构成，中胚层和部分外胚层具有共同的谱系来源。

本项研究的重要意义在于：高分辨率时空转录组图谱的构建，为早期胚胎三胚层细胞谱系分化提出了新的理论，将为发育生物学研究人员进一步研究胚层谱系建立和细胞命运决定提供理论依据，推动干细胞生物学研究、细胞治疗和药物筛选工作的发展。

"你是谁？你从哪里来？你要到哪里去？"是哲学界的终极三问，引发人类的终极思考。回答这 3 个问题，对于个人来讲，就是建立我们的家族谱系；对于胚胎发育时期的细胞来讲，就是追踪胚胎细胞谱系的发育演化过程，我们的工作就是为早期胚胎发育的细胞编撰家谱。今后，我们还将继续深入研究细胞家谱，进一步验证各胚层向机体各个器官的细胞谱系演化路径，把细胞家谱做得更精细、更完整。

参考文献

[1] Robb L，Tam P P. Gastrula organiser and embryonic patterning in the mouse［J］. Semin. Cell Dev. Biol.，2004，15（5）：543-554.

［2］ Solnica K L. Sepich D S. Gastrulation: making and shaping germ layers ［J］. Annu. Rev. Cell Dev. Biol., 2012 (28): 687–717.

［3］ Tam P P, Behringer R R. Mouse gastrulation: the formation of a mammalian body plan ［J］. Mech. Dev., 1997, 68 (1–2): 3–25.

［4］ Tam P P, Loebel D A. Gene function in mouse embryogenesis: get set for gastrulation ［J］. Nat. Rev. Genet., 2007, 8 (5): 368–381.

［5］ Tam P P, Loebel D A, Tanaka S S. Building the mouse gastrula: signals, asymmetry and lineages ［J］. Curr. Opin. Genet. Dev., 2006, 16 (4): 419–425.

［6］ Watson C M, Tam P P. Cell lineage determination in the mouse ［J］. Cell Struct Funct., 2001, 26 (3): 123–129.

［7］ Arnold S J, Robertson E J. Making a commitment: cell lineage allocation and axis patterning in the early mouse embryo ［J］. Nat. Rev. Mol. Cell Biol., 2009, 10 (2): 91–103.

［8］ Kojima Y, Tam O H, Tam P P. Timing of developmental events in the early mouse embryo ［J］. Semin. Cell Dev. Biol., 2014 (34): 65–75.

［9］ Snow M H, Tam P P. Timing in embryological development ［J］. Nature, 1980, 286 (5769): 107.

［10］ Bildsoe H, Franklin V, Tam P P. Fate-mapping technique: using carbocyanine dyes for vital labeling of cells in gastrula-stage mouse embryos cultured *in vitro* ［J］. CSH Protoc, 2007, pdb prot4915.

［11］ Quinlan G A, Khoo P L, Wong N, et al. Cell grafting and labeling in postimplantation mouse embryos ［J］. Methods Mol. Biol., 2008 (461): 47–70.

［12］ Takaoka K, Hamada H. Cell fate decisions and axis determination in the early mouse embryo ［J］. Development, 2012, 139 (1): 3–14.

［13］ Shivdasani R A. Molecular regulation of vertebrate early endoderm development ［J］. Dev. Biol., 2002, 249 (2): 191–203.

［14］ Zorn A M, Wells J M. Molecular basis of vertebrate endoderm development ［J］. Int. Rev. Cytol., 2007 (259): 49–111.

［15］ Sasai Y, Lu B, Piccolo S, et al. Endoderm induction by the organizer-secreted factors chordin and noggin in Xenopus animal caps ［J］. EMBO J., 1996, 15 (17): 4547–4555.

［16］ Tam P P, Kanai-Azuma M, Kanai Y. Early endoderm development in vertebrates:

lineage differentiation and morphogenetic function［J］. Curr. Opin. Genet. Dev., 2003, 13（4）: 393–400.

［17］ Lawson K A, Meneses J J, Pedersen R A. Clonal analysis of epiblast fate during germ layer formation in the mouse embryo［J］. Development, 1991, 113（3）: 891–911.

［18］ Lawson K A, Pedersen R A. Cell fate, morphogenetic movement and population kinetics of embryonic endoderm at the time of germ layer formation in the mouse［J］. Development, 1987, 101（3）: 627–652.

［19］ Kwon G S, Viotti M, Hadjantonakis A K. The endoderm of the mouse embryo arises by dynamic widespread intercalation of embryonic and extraembryonic lineages［J］. Dev. Cell, 2008, 15（4）: 509–520.

［20］ Viotti M, Nowotschin S, Hadjantonakis A K. SOX17 links gut endoderm morphogenesis and germ layer segregation［J］. Nat. Cell Biol., 2014, 16（12）: 1146–1156.

［21］ Kadokawa Y, Kato Y, Eguchi G. Cell lineage analysis of the primitive and visceral endoderm of mouse embryos cultured *in vitro*［J］. Cell Differ., 1987, 21（1）: 69–76.

［22］ Chen J, Suo S, Tam P P, et al. Spatial transcriptomic analysis of cryosectioned tissue samples with Geo-seq［J］. Nat. Protoc., 2017, 12（3）: 566–580.

［23］ Peng G, Suo S, Chen J, et al. Spatial transcriptome for the molecular annotation of lineage fates and cell identity in mid-gastrula mouse embryo［J］. Dev. Cell, 2016, 36（6）: 681–697.

［24］ Peng G, Suo S, Cui G, et al. Molecular architecture of lineage allocation and tissue organization in early mouse embryo［J］. Nature, 2019, 572（7770）: 528–532.

植物 NLR 抗病小体

韩志富　　王继纵　　王宏伟　　周俭民　　柴继杰

引　　言

"一种神秘的寂静弥漫在空气中。鸟儿都去哪儿了？……现在却没有了一丝声响。周围的田野、树林和沼泽都沉没在一片沉寂之中。"这是美国科学家蕾切尔·卡逊（Rachel Carson）在其著作《寂静的春天》中描绘的以滴滴涕（dichloro diphenyl trichloroethane，DDT）为代表的杀虫剂的滥用，给人类的生存环境所造成的巨大的、难以逆转的危害。1845—1850 年，由晚疫病菌（致病疫霉菌）引起土豆的大量减产，导致爱尔兰发生大饥荒（俗称马铃薯饥荒），爱尔兰人口数量也因此锐减了将近 1/4。由此可见，植物病虫害对我国和全球农业生产具有重大威胁，而且为防控病虫害不得不施用大量的化学农药，对我国食品安全、环境保护、人民健康和社会稳定带来了巨大压力。这些现象使人们把视线重新投向植物自身的抗病虫机制，尤其是在亿万年漫长的时间里与病虫害斗争中进化出的植物抗病基因的发现及应用。通过适当的育种工作，把植物抗病基因转到不含抗病基因的易感植物上，能在保护作物免受有害生物侵害的同时，减少化学农药的施用。因此，这也是实现农作物病虫害绿色防控的关键所在。

自从 20 世纪 90 年代第一个植物抗病基因首次被分离鉴定以来，人们已经在各种植物中发现了大量植物抗病基因，并在各种植物育种中大量使用。尽管人们进行了大量的研究，但是关于抗病基因如何让植物获得抗病这一重大机制问题一直未能得到解答。来自清华大学的柴继杰团队、中国科学院遗传与发育生物学研究所的周俭民团队和清华大学的王宏伟团队，分别在动物炎症小体和植物抗病蛋白结构生物学、植物抗病演化理论和抗病蛋白复合物组分鉴定和蛋白质的高分辨率冷冻电镜重构方法学研究中长期耕耘。3 个团队通过密切合作，在世界上第一次完整地解析了抗病蛋白效应蛋白 HopZ1a 活化的抗病蛋白 1（hopz-activated resistance 1，ZAR1）抑制、触发及活化状态的多个复合物三维结构，系统地阐明了植物细胞中抗病蛋白的作用机制。相关研究结果于 2019 年 4 月 5 日以配体诱导的 ADP 释放启动植物抗病蛋白活化（*Ligand-triggered allosteric ADP release primes a plant NLR complex*）和植物抗病小体的重构及结构（*Reconstitution and structure of a plant NLR resistosome conferring immunity*）为题的两篇长文同期发表在《科学》（*Science*）杂志上。

这项研究成果是结构生物学、生物化学和植物生理学研究手段紧密结合的经典合作案例，被国内外专家赞誉为植物免疫领域的里程碑事件。抗病小体概念一经报道，迅速获得同行广泛认可。这项成果的一系列发现，突破了人们 20 多年来对植物抗病理论的认识，为设计广谱、持久的新型抗病蛋白，发展绿色农业奠定了关键理论基础，为实现习总书记指出的"绿水青山就是金山银山"的伟大蓝图提供理论依据。

研究背景

自然界是一个许多物种共存的世界，不同的生物之间存在着共生、寄生、竞争和捕食等复杂的关系。各个物种在长期的互作尤其是与有害微生物的互作过程中，进化出了复杂的免疫系统：对于人类而言，主要包括先天性免疫系统及由抗体或 T 细胞免疫介导的适应性免疫系统，这帮助人类免除了大部分感染性疾病的困扰。例如，每一个人出生后接种的各种各样的疫苗，就可以帮助他们预防许多致命疾病；又如，由新型冠状病毒引起的新冠肺炎也是由于人体中没有针对该病毒的特异免疫力，才造成在我国及世界的大流行；还有，现在广泛应用的基因组编辑技术 CRISPR/Cas9 系统，就是小小的细菌对付噬菌体的免疫武器。

当然了，作为地球上营自养的多细胞生物的重要一支，植物为整个生物圈提供基本的能量来源，植物也是地球上进化的很成功的物种之一。研究发现，植物体内虽然没有包含获得性免疫系统，但其在与病原菌的长期斗争和进化过程中，进化出了复杂高效的两层免疫系统：第一层是植物模式识别受体通过识别病原菌的模式分子启动的免疫反应，这一反应的特点是反应强度低、具有广谱抗病性；第二层免疫是由植物抗病蛋白通过识别特定病原菌的效应蛋白而启动的特异性强、反应强度强的免疫反应，这一免疫反应经常导致植物局部的感病细胞超敏死亡。植物不仅可以在感染的局部引起免疫反应，而且也可以在没有感染的远端引起针对大多数病原菌的系统性免疫反应。下面我们就简要介绍这几类免疫反应[1]。

1. 模式分子诱导的免疫反应（PAMP-triggered immunity，PTI）

识别"自我"和"非我"物质，维护宿主正常的生命活动，是所有生物免疫系统的共同任务。在漫长的进化过程中，植物始终面临着各种病虫害的入侵，这些病虫害包括细菌、真菌、线虫、卵菌、病毒和蚜虫等。它们侵害植物的方式各不相同，例如，细菌能够通过植物叶片表面的气孔或伤口部位进入植物细胞间隙进行繁殖；线虫和蚜虫可以通过自身特定的口器直接插入植物细胞中攫取营养；真菌既可以直接进入植物上皮细胞，也可以将自身产生的菌丝延伸到植物细胞内部或者细胞间隙中吸取养分；病毒会改变植物细胞转录和翻译的产物，为自身增殖所利用；还有一些共生性的真菌和卵菌类，通过产生特殊的吸器结构与植物的细胞质膜紧密相连，达到共生的目的。

与哺乳动物不同，植物没有进化出适应性免疫系统，所以不能像动物那样产生抗体来应对病原体的侵害。植物也不具备防御细胞以及能够运输抗体和防御细胞的循环系统。但是植物仍然发展出了一套多层次的防御体系来对抗各种病虫害的威胁。1999 年，托马斯·博勒（Thomas Boller）实验室发现，来源于假单胞细菌的鞭毛蛋白可以引起拟南芥的防御反应；并且通过遗传学发现，一个螺旋状的受体类激酶 FLS2 可能是细菌鞭毛蛋白的受体，而另外一个定位于细胞表面螺旋状的激酶 BAK1 可能作为 FLS2 的共受体而发挥作用[2]。这一经典研究极大地激发了人们寻找新的模式分子及相关受体的兴趣。

目前，人们已经发现了许多不同的病原微生物保守的模式分子，如细菌的翻译延长因子蛋白、真菌细胞壁中的几丁质，卵菌的细胞壁成分等。这些分子对病原微生物本身的生存和发展非常重要，被称为病原相关模式分子（pathogen associated molecular patterns，PAMPs），识别这些模式分子的跨膜受体被称为模式识别受体（pattern recognition receptors，PRRs），这种识别引起的抗性称为模式分子激活的免疫反应。PTI 反应主要包括胞内钙信号和活性氧的释放，线粒体相关激酶和钙依赖蛋白相关激酶的激活，最终导致大规模转录重排，这些细胞活动均能抑制病原微生物的侵染和蔓延。这一反应的特点是反应强度低，但是具有广谱抗病的特点。同时，清华大学的柴继杰教授通过与中国科学院遗传与发育生物学研究所周俭民研究员合作，解析了许多植物受体激酶与模式分子识别的复合物结构（例如，拟南芥识别细菌鞭毛蛋白和真菌几丁质模式分子的受体复合物结构等），根据这些结构及功能实验总结出了模式识别受体的同源或异源二聚化活化的基本规律，并据此获得了 2017 年的国家自然科学奖二等奖。

2. 效应蛋白诱发的免疫反应（effector triggered immunity，ETI）

在病原微生物与植物宿主的长期斗争中，病原微生物进化出了效应因子（effectors）来应对植物细胞表面模式识别受体建立的防卫反应。效应因子一般是由病原微生物编码的蛋白质或多肽，所以通常也叫作效应蛋白。与病原相关模式分子不同，效应因子一般并非微生物生存发展所必需的，在种属间也没有任何保守性，只是被微生物用来侵染宿主细胞。单独的植物病原微生物一般能够编码并携带 20~30 种效应因子，它们在侵染之前被微生物利用各自特有的方式注入宿主细胞。效应因子能够通过各自不同的方式，使相关模式识别受体或抗性信号传递通路中的重要组分失活，从而帮助病原微生物突破 PTI 防线，继续侵染宿主细胞。

由于依靠细胞表面模式识别受体建立的防线不足以抵抗所有病原微生物的入侵，因而，植物先天性免疫系统进化出了第二道防线，该防线由细胞内一系列抗病基因（resistance genes，R 基因）的表达产物组成。这些产物能够识别相关病原微生物释放的效应因子，与之发生互作，进而激活并启动一系列抗病反应。R 基因的表达产物被称为 R 蛋白。由植物 R 抗病蛋白识别病原效应因子而引起的抗性，称为效应因子诱发的免疫反应（ETI）[1]。目前认为，ETI 引发的抗性反应与 PTI 的在本质上是相同的，仍然包括钙信号及活性氧的释放、相关激酶的激活以及下游防御基因的表达等细胞活动。两者的区别在于引起的抗性反应的强度，ETI 引起的抗性反应的强度大于 PTI，前者往往伴随受侵染部位的细胞程序化死亡现象，被称为超敏反应（hypersensitive response，HR）。同时，植物免疫系统识别病原微生物并产生抗性反应以后，相应的抗性信号能够从受侵染部位传递到其他未受侵染的部位，从而使整个植株都具有对相关病原微生物的免疫，这种现象被称为系统获得性免疫（systemic acquired resistance，SAR）。

自从 20 世纪 90 年代植物抗病基因首次被分离鉴定以来，人们在各种植物中发现了大量的抗病基因[3]。尽管根据序列的不同可以将这些基因分成不同的类型，但是目前已知最多的是一类主要编码含有核苷结合结构域和富含亮氨酸重复区结构域的受体蛋白（nucleotide-binding domain and leucine-rich repeat containing receptor proteins，NLR）型受体，拟南芥基因组至少编码 150 个以上的 NLR 受体。典型的植物 NLR 受体都具有可变的 N 端效应结构域、中间的核苷结合结构域以及 C 端富含亮氨酸重复区（leucine-rich repeat，LRR）结构域。根据 N 端结构域的不同，NLR 受体一般可分为两大类：即 N 端为卷曲螺旋（coiled coil，CC）结构域和 N 端为类 Toll/ 白介素 1 受体（toll/interleukin-1 receptor，TIR）结构域。大量的遗传学研究表明，这两类抗病基因的下游通路存在很大的差别。

根据抗病基因与效应因子的关系，人们最早提出了植物抗病基因作用的基因对基因（gene for gene）假说，即针对病原菌的每一个效应蛋白都可以找到一个相对应的抗病蛋白来识别。但是由于这一模式不能解释一个物种相对少的抗病基因怎样识别数目众多的不同病原菌的效应因子，所以科学家又提出了"警戒模型""诱饵模型""整合模型"等来解释抗病基因的作用，但是这些模型的具体分子机制还不清楚[3]。目前，根据植物生化及体内遗传学实验及动物 NLR 蛋白功能及结构的启示，一般认为无病原菌入侵的情况下，NLR 受体通过分子内各结构域相互作用而处于失活状态。植物 NLR 受体 C 端富含亮氨酸重复区结构域主要是发挥特异的识别效应蛋白的功能，而中间结构域具有结合和水解核苷酸的功能，该区域通过结合和水解核苷酸来调节整个受体的空间构象，使其在"活化"和"失活"两种状态之间转变，进而通过 N 端效应结构域来引起免疫及细胞死亡表型。尽管已经取得这些进步，但是我们仍然不清楚植物抗病蛋白是如何维持抑制状态的？其识别配体后又是如何引起受体的抑制与活化状态的转换？ N 端的效应结构域又是如何启动下游免疫及死亡信号的？甚至植物抗病蛋白受体是不是有寡聚化状态存在，也是植物免疫领域的一个长期争论焦点。

3. 系统获得性免疫

植物不具备哺乳动物那样的循环系统，植物系统获得性免疫中相关信号的产生以及传递的相关机制目前还不甚明了。现有的报道显示，该过程涉及多种蛋白质、脂类小分子和激素类分子的参与。其中，水杨酸及其衍生物甲基水杨酸是目前已被明确报道在这些过程中起重要作用的物质。最近的研究也表明，N- 羟基 - 哌啶酸（N-hydroxy-pipecolic acid，NHP）在拟南芥的系统性信号中有重要作用。

4. 抗病蛋白研究面临的困难

植物具有复杂、精细调控的免疫系统，用于识别病原微生物、激活防卫反应，从而保护自己免受侵害。植物细胞内数目众多的抗病蛋白，是监控病虫侵害的"哨兵"，也是动员植物防卫系统的"指挥官"。人们发现 NLR 抗病蛋白 20 多年了，但仍然不清楚它们的工作原理。抗病蛋白理论研究的一个巨大瓶颈在于缺乏全长蛋白质的结构。在正常植物细胞内，植物抗病蛋白的表达水平受到严格的调控，且其活化后会导致病变部位细胞组织的超敏性死亡，这给植物体内抗病蛋白介导的信号通路的研究带来了非常大的困难。同时，作为多结构域蛋白，植物抗病蛋白通常具有分子量大和构象多变等特点，导致体外的纯化重组及结构研究也困难重重。

自从 25 年前国际上首次鉴定到抗病蛋白以来，多个国际顶尖实验室经过长期努力，也未能纯化出可供结构分析的全长抗病蛋白质。尽管一些实验室（也包括柴继杰教授实验室）获得了一些单独结构域或片断的结构，但是这些结构所揭示的信息非常有限。因此，植物抗病领域急切需要获得全长抗病蛋白的多种状态的结构，来整合过去遗传学及生化积累的海量遗传信息，并指导植物抗病机制的深入研究，而这也正是柴继杰教授于 2004 年回国后立志攻克的方向。

柴继杰回国前主攻人凋亡蛋白酶活化因子 1（apoptotic protease-activating factor 1，APAF1）起始的半胱氨酸蛋白酶活性调控的结构生物学方面的研究。植物 NLR 抗病蛋白和动物 NLR 炎症小体与凋亡小体有类似的结构组成。这引起了柴继杰对这一类蛋白的功能发挥机制强烈的探索动机。柴继杰团队自 2004 年成立以来，就开始在数量众多的植物抗病蛋白中筛选理想的研究对象。由于需要筛选的对象太多，所以这项工作异常繁重。尽管也相继获得了一些抗病蛋白的全长表达，但是通过大量的晶体筛选工作，并没有获得可以结晶的蛋白质。时间很快到了 2013 年年底，柴继杰团队成功筛选到可以用于结构生物学研究的理想候选蛋白——

ZAR1。ZAR1 之前被研究证实是利用效应蛋白 HopZ1a 引起的抗病反应缺失 1（hopz-eti-deficient 1，ZED1）假激酶为"诱饵"，来特异性识别和感应假单胞杆菌Ⅲ型分泌效应蛋白 HopZ1a 的抗病蛋白[4]。柴继杰团队成功大量表达和纯化了可用于结晶的处于抑制状态的 ZED1-ZAR1 复合物蛋白，但经过大量的结晶尝试未能获得蛋白质晶体。此外，本团队利用病原菌蛋白 HopZ1a 处理 ZED1-ZAR1 抗病蛋白复合物，未看到蛋白复合物行为的变化。这表明 HopZ1a 与 ZED1-ZAR1 抗病蛋白复合物之间可能有还没有被发现的未知成分。

中国科学院遗传发育生物学研究所的周俭民团队，长期从事植物抗病演化理论和抗病蛋白复合物组分鉴定方面的研究。2012 年，他们发现，野油菜黄单胞病原菌的一个致病蛋白 AvrAC，通过精准破坏植物免疫系统中的关键组分葡萄孢菌诱导的激酶 1（botrytis-induced kinase 1，BIK1），来抑制植物免疫信号通路的作用[5]。2015 年，他们又进一步发现，植物利用特殊的"诱饵"感知 AvrAC 的活性，并将信息传递给植物抗病蛋白 ZAR1，从而迅速激活植物的免疫反应。这些"诱饵"包括效应蛋白 avrPphB 敏感性的激酶 2（avrPphB sensitive 1-like 2，PBL2）和抗性相关激酶 1（resistance related kinase 1，RKS1）蛋白等。本研究揭示了病原细菌和植物之间令人惊叹的攻防策略[6]。两个团队互相交流数据后认为，两个实验室的数据及技术具有很大的互补性，决定就 ZAR1 抗病蛋白的结构生物学研究展开紧密合作。

同时，尽管 ZAR1 活化的 5 聚体的分子量大，非常适合刚刚发展起来的冷冻电镜技术的研究，但是 ZAR1 单体的抑制状态的分子量仅仅在 10^5D 左右，所以利用常规的冷冻电镜技术来解析其结构，还是一个很大的挑战。而清华大学生命科学学院的王宏伟团队长期致力于冷冻电镜方法学的研究和改善，尤其在使用相位板技术解析蛋白质的高分辨率冷冻电镜重构方法学研究中，积累了丰富的经验。这些为在较短时间内解析分子量不大的抗病蛋白非激活状态的高分辨率结构提供了可能性。

从 2013 年开始，柴继杰团队与清华大学生命科学学院的隋森芳团队在动物 NLR 蛋白参与的炎症小体的结构生物学研究方面取得了一系列突破性的进展，相继解析了哺乳动物炎症相关蛋白的抑制、活化及配体识别的系列结构[7-9]。由于组成炎症小体的蛋白与植物抗病蛋白都是 NLR 类蛋白，相似的结构域构成和都参与先天免疫反应暗示，它们的机制可能具有相似性。

研究团队是在这些研究中积累了宝贵经验长达 15 年的坚持及经验积累，3 个团队完美的技术互补及团队都在北京的便利条件，将为我们解析第一个植物抗病蛋白的结构提供新机遇。

研究成果及意义

在上述研究的基础上，3 个团队密切合作，以效应蛋白 AvrAC 与 ZAR1 为体系，研究植物抗病蛋白结构。经过密切协作攻关，团队成功地获得了植物抗病蛋白抑制状态的复合物 RKS1-ZAR1、识别—启动状态复合物 PBL2^{UMP}-RKS1-ZAR1 和激活复合物—抗病小体（resistosome）的结构（图 9-1）。这些研究结果以《与配体结合诱发植物抗病蛋白受体复合物启动的机制》和《植物抗病小体的重构及结构》为题同期发表在《科学》（Science）杂志上[10, 11]。

第一篇文章主要揭示了 ZAR1 通过自身多结构域组成的分子内互作，和二磷酸腺苷酸（adenosine diphosphate，ADP）分子介导自我抑制的详细分子机制。RKS1 仅仅通过与 ZAR1 C 末端的 LRR 互作，结合在 ZAR1 蛋白上。同时，该结构也揭示了病原菌效应因子 AvrAC 并不是直接被 RKS1-

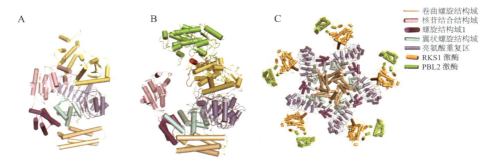

卷曲螺旋结构域
核苷结合结构域
螺旋结构域1
翼状螺旋结构域
亮氨酸重复区
RKS1 激酶
PBL2 激酶

图 9-1　植物抗病蛋白 ZAR1 抑制状态（A）、识别并启动状态（B）和活化状态的结构（C）示意

ZAR1 复合物识别，而是通过催化单尿苷酰化（uridine 5-monophosphate，UMP）修饰 PBL2 被 RKS1-ZAR1 复合物识别。结合 PBL2 的 RKS1-ZAR1 核苷的结合结构域与 PBL2 的空间冲突，导致 ZAR1 的核酸结合结构域的构象变化和释放 ADP 分子，从而解除 ZAR 自抑制状态并进入启动状态。这一结构揭示了 NLR 类蛋白识别配体后引起的第一个变化是核苷结合结构域的变化，而不是以前认为的配体识别后首先是翼状螺旋结构域的变化。这一结论可能在 NLR 类蛋白的机制研究中具有普遍意义，也表明配体或效应蛋白实际上扮演着核苷酸交换因子的角色。同时，与配体结合后并没有引起 RKS1-ZAR1 的寡聚化表明，还有新的细胞组分参与抗病蛋白的活化。

　　在第二篇文章中，首先根据我们以前的炎症小体和凋亡体活化的经验判断，另一个参与活化的分子可能是核苷类分子，通过大量的尝试发现，ATP/脱氧三磷酸腺苷酸（deoxyadenosine triphosphate，dATP）是另一个活化的成分。在 RKS1-ZAR1 体系中加入修饰的 PBL2 和 ATP / dATP 共孵育后，我们获得了被激活的 ZAR1 后。然后，将激活的 ZAR1 组装成含 3 个亚基共 15 个蛋白的环状五聚体（PBL2^{UMP}-RKS1-ZAR1）$_5$ 蛋白机器，植物抗病蛋白的第一个激活复合物被成功捕捉并被正式命名为"抗病小体"

（图 9-1）。解析五聚体的结构最重要的发现是 N 端效应 CC 结构域变化。结构中显示，CC 结构域的 N 末端螺旋形成突出五聚体平面的五螺旋的双亲性聚合物。结合生化实验发现，其参与细胞质膜的互作，删除或者突变五聚体会导致其下游免疫反应或死亡反应的缺失。

这些结果清晰地阐明了植物细胞中的抗病蛋白在发现病原细菌信号后，如何从静息的单体状态迅速转变为寡聚化激活状态的分子机制；发现了植物抗病小体这一蛋白质机器与动物中的炎症小体结构及功能高度相似；揭示了抗病蛋白作为一个分子开关，在细胞膜上控制植物防卫系统的机制。根据以上结果，本团队提出了植物 NLR 蛋白感应病原菌分泌的效应蛋白并启动下游免疫反应的模型（图 9-2）。

总结和展望

各种病虫害，严重威胁农业生产。为了减少损失，农业生产中不得不大量施用化学农药，但这又对环境、人类健康和农业的可持续发展带来了挑战。在保护作物及提高粮食产量的同时，减少化学农药的施用，成了摆在农业生产者和科学家面前的一道难题。解决这一问题的关键之一，就是深入探索存在于植物细胞本身，尤其是数目众多的植物抗病蛋白的结构及功能[12]。合作团队揭示了由抗病蛋白组成的抗病小体，并解析了其处于抑制状态、中间触发状态及五聚体活化状态的冷冻电镜结构，不仅揭示了抗病蛋白管控和激活的核心分子机制，填补了人们 25 年来对植物抗病蛋白认知的空白，同时也为将来更好地利用抗病蛋白结构获得的信息，精准设计抗广谱、持久的新型抗病蛋白，发展绿色农业奠定了核心理论基础。

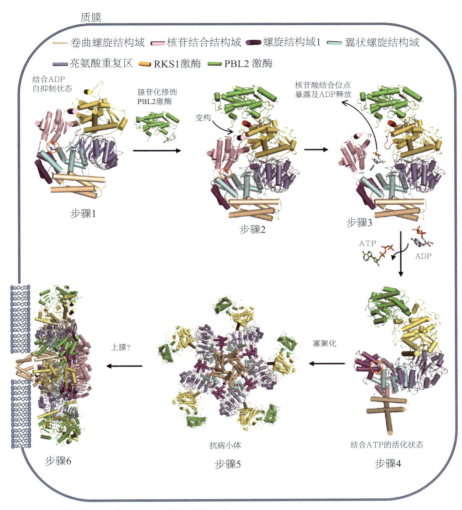

图 9-2　植物抗病蛋白 ZAR1 活化过程示意

参考文献

[1] Jones J D，Dangl J L. The plant immune system ［ J ］ . Nature，2006，444（7117）：323-329.

[2] Boller T，Felix G. A renaissance of elicitors：perception of microbe-associated

molecular patterns and danger signals by pattern-recognition receptors［J］. Annual Review of Plant Biology, 2009（60）: 379-406.

［3］Kapos P, Devendrakumar K T, Li X. Plant NLRs: From discovery to application ［J］. Plant Science: an International Journal of Experimental Plant Biology, 2019 （279）: 3-18.

［4］Lewis J D, Lee A H, Hassan J A, et al. The arabidopsis ZED1 pseudokinase is required for ZAR1-mediated immunity induced by the Pseudomonas syringae type Ⅲ effector HopZ1a［J］. Proceedings of the National Academy of Sciences of the United States of America, 2013, 110（46）: 18722-18727.

［5］Feng F, Yang F, Rong W, et al. A Xanthomonas uridine 5'-monophosphate transferase inhibits plant immune kinases［J］. Nature, 2012, 485（7396）: 114-118.

［6］Wang G, Roux B, Feng F, et al. The decoy substrate of a pathogen effector and a pseudokinase specify pathogen-induced modified-self recognition and immunity in plants ［J］. Cell Host & Microbe, 2015, 18（3）: 285-295.

［7］Hu Z, Yan C, Liu P, et al. Crystal structure of NLRC4 reveals its autoinhibition mechanism［J］. Science, 2013, 341（6142）: 172-175.

［8］Hu Z, Zhou Q, Zhang C, et al. Structural and biochemical basis for induced self-propagation of NLRC4［J］. Science, 2015, 350（6259）: 399-404.

［9］Yang X, Yang F, Wang W, et al. Structural basis for specific flagellin recognition by the NLR protein NAIP5［J］. Cell Research, 2018, 28（1）: 35-47.

［10］Wang J, Wang J, Hu M, et al. Ligand-triggered allosteric ADP release primes a plant NLR complex［J］. Science, 2019, 364（6435）: eaav5870.

［11］Wang J, Hu M, Wang J, et al. Reconstitution and structure of a plant NLR resistosome conferring immunity［J］. Science, 2019, 364（6435）: eaav5870.

［12］Dangl J L, Horvath D M, Staskawicz B J. Pivoting the plant immune system from dissection to deployment［J］. Science, 2013, 341（6147）: 746-751.

人类胚胎着床过程单细胞转录组和 DNA 甲基化组图谱

文　路　周　帆　汤富酬

引　言

　　人体中有数十万亿个细胞，比全世界总人口数目还多数千倍，而这些海量的细胞最初都来自卵子与精子结合形成的一个初始细胞——受精卵。人类早期的胚胎发育是一个奇妙的过程。受精卵通过分裂增加细胞数量，在数次分裂之后，细胞与细胞之间开始出现细微的差别，并导致细胞分化成不同的组织。人类早期胚胎在受精后的第五天左右就能够被区分成内外两群。内部细胞很快会继续分化成两群细胞，其中包括一群"上胚层"细胞，该层细胞具有全能性，将来发育成人体的所有组织器官；外部细胞则被称为"滋养层"，将来发育成为人体提供营养的胎盘组织。

　　受精后的第 6～8 天，游离状态的胚胎开始"黏附"并进入母亲的子宫内膜，这个过程为"着床"（implantation）。由于人类早期胚胎样本极其珍贵、细胞数量稀少且为不同细胞类型的混合群体，常规的基因组学技术通常一次实验就需要数十万个细胞才能进行分析，所以很难对其进行分析。近几年，本研究团队及数个国际研究团队采用极灵敏的单细胞组学测序技术，对人类着床前胚胎发育过程进行了全基因组分析。然而，对于侵入子宫内膜的人类围着床期胚胎，由于几乎无法获取自然状态的胚胎样本，其发育过程长期以来仍是一个"认知黑箱"。

2019 年，本研究团队结合高精度单细胞多组学测序技术和体外模拟人类胚胎着床培养体系，全面精确地阐述了人类胚胎着床过程（受精后第 6 ~ 14 天）基因表达调控网络和 DNA 甲基化动态变化规律，首次揭开了这一发育过程的神秘面纱。

■ 研究背景

虽然人体结构组成复杂，但是最初都起源于卵子与精子结合形成的一个单细胞受精卵。大约在受精后第四或五天，受精卵细胞经过多次分裂，开始形成一个中空球形体结构——囊胚。成熟囊胚由 3 种不同的细胞类型组成。一开始出现的是囊胚内部和外部两群细胞，内部细胞较大，聚集在囊胚一侧，被称为内细胞团（inner cell mass，ICM），会很快进一步分化为上胚层细胞（epiblast，EPI）和原始内胚层细胞（primitive endoderm，PE）两群细胞。其中，上胚层细胞具有多能性，将发育形成身体的所有组织器官。外部细胞较小，包围着囊胚，被称为滋养层细胞（trophectoderm，TE），将发育成胎盘组织。受精后的第 6 ~ 8 天，囊胚开始进入子宫内膜，滋养层细胞会伸出海绵样指状突起钻入子宫内膜里，并逐渐与母体的血管连接起来形成胎盘，这个过程称为着床。胚胎只有通过着床进入母体子宫壁，才能获取营养、继续存活和发育，随后逐渐形成原肠胚，并进一步分化成各类组织和器官原基。着床失败是导致早期流产的重要因素之一[1]。

20 世纪 70 年代开始兴起的"试管婴儿"技术为不孕不育患者带来了福音。该技术将卵子在体外受精之后，培养到囊胚期，再移植回子宫。"试管婴儿"技术使人们对人类着床前胚胎发育过程有较深入的研究[2]。然而，研究者们几乎无法获得早期着床后人类胚胎样本。小鼠是研究哺乳动物胚胎着床最常用的模式动物。但不同哺乳动物的胚胎在发育时间、谱系分化和细胞功能等方面存在明显的物种差异，从小鼠推演人类胚胎发育过程只能获得有限的结论。另一个策略是把人类囊胚与子宫内膜细胞共同培养，用于体外模拟着床后的发育过程[3]。但这一体系的可重复性差，且由于必须有母体组织参与，因而难以研究胚胎的自主构建能力。因此，长久以来，人类胚胎着床过程一直是一个认知黑箱。

2014 年，英国剑桥大学玛达娜·泽尼卡·戈茨（Magdalena Zernicka Goetz）实验室首次发现，利用独特的三维培养体系体外培养小鼠着床前囊胚，能够形成类似于着床后胚胎的三胚层结构[4]。2016 年，玛达娜·泽尼卡·戈茨实验室和美国洛克菲勒大学阿里·H. 布里凡洛（Ali H. Brivanlou）实验室进一步发展了人类着床期胚胎培养体系[5, 6]。该培养体系能促进人类胚胎在体外从床前向床后的转化与发育，而无需母体组织参与。他们的研究初步从形态学上和免疫组化水平揭示了这一阶段人类胚胎发育的主要特征，首次证明人类着床早期胚胎具有自主构建能力。这些研究为进一步全面深入阐明人类着床后胚胎发育的过程，提供了重要的实验手段。

在一个细胞内，外界信号、细胞内信号转导通路、转录因子以及位于细胞核内不同层面的表观遗传机制，共同构成了复杂的基因表达调控网络，控制着单个细胞内 2 万多个基因的表达，决定了细胞的功能和命运。

转录组是指一个细胞内所有表达的基因的转录本的集合，是一个细胞在特定时刻基因表达谱的快照。DNA 甲基化是指基因组 DNA 中胞嘧啶碱基被修饰为 5- 甲基化胞嘧啶，是最重要的 DNA 表观遗传修饰。DNA 甲基化在功能成熟细胞中较为稳定，但是在早期胚胎发育阶段呈现强烈的动态变化，发挥着重要的调控作用。通过现代基因组学的高通量测序技术，我们可以绘制某种细胞或组织类型的组学图谱（包括转录组和 DNA 甲基化组）。这些图谱全面显示该细胞或组织类型的基因表达调控网络，对于进一步深入探索其功能和机制，具有类似于地图的指引作用。

　　然而，常规的高通量测序技术通常需要数十万个细胞，无法研究细胞数量稀少的人类早期胚胎样本。2009 年，汤富酬等在国际上建立的第一个单细胞高通量转录组测序技术，只用一个单细胞就能获取其转录组信息，打开了这个领域的大门[7]。2013 年，汤富酬团队与北京大学第三医院生殖医学中心（中国第一例试管婴儿诞生地）乔杰教授团队合作，绘制了人类着床前胚胎的高精度单细胞基因表达特征图谱[8]。同年，汤富酬团队建立了国际上第一个单细胞 DNA 甲基化组测序技术[9]。2014 年，两个团队紧密合作，解析了人类着床前胚胎发育过程中 DNA 甲基化组重编程动态特征[10]，并随后绘制更高覆盖度的 DNA 甲基化组图谱[11]。2016 年，汤富酬团队在国际上率先建立单细胞三重组学测序技术（single cell tripleomics sequencing，scTrio-seq），只用一个单细胞就能够同时获取其转录组、DNA 甲基化组以及基因组拷贝数变异等组学信息[12]。

　　综上所述，人类着床期胚胎培养技术为研究人类着床期胚胎发育过程提供了重要的实验手段。同时，单细胞组学测序技术的不断发展，使绘制人类早期胚胎发育过程的单细胞分辨率高精度多组学图谱成为可能。这两项技术的汇合为揭开人类着床期胚胎发育的神秘面纱提供了契机。

🔲 研究目标

本研究的目标是采用单细胞转录组高通量测序技术与单细胞多组学测序技术，全面精确地分析人类围着床期胚胎发育过程中细胞谱系分化、各谱系细胞类型与细胞状态的基因表达网络特征、DNA 甲基化组动态变化以及 DNA 甲基化与基因表达调控的关系，以期获得人类围着床期胚胎发育过程的单细胞转录组和 DNA 甲基化组图谱。

🔲 研究内容

1. 体外模拟人类胚胎着床

为了研究胚胎在体外无母体组织参与情况下的着床过程，研究团队根据已报道的胚胎培养方法重现了胚胎形态学动态变化特征。证据显示，胚胎在无母体组织参与下，能发育至第 12/14 天，胚胎逐渐呈现出特异性的形态学特征，如滋养外胚层细胞数量大幅度增加，上胚层逐渐形成前羊膜腔以及原始内胚层逐渐生长并逐渐包围上胚层（图 10-1）。根据国际伦理学准则，研究团队在胚胎培养第 14 天终止了体外胚胎培养实验。

2. 不同细胞谱系的关键发育特征以及特征性基因挖掘

研究团队利用已知的谱系标志基因对围着床期的胚胎细胞进行了谱系鉴定。结果显示，胚胎基本维持了囊胚晚期的 3 个主要细胞谱系（上胚层、原始内胚层和滋养外胚层）。有趣的是，各个谱系均逐渐呈现出各自独特的基因表达特征，例如，上胚层呈现出明确的多能性转变

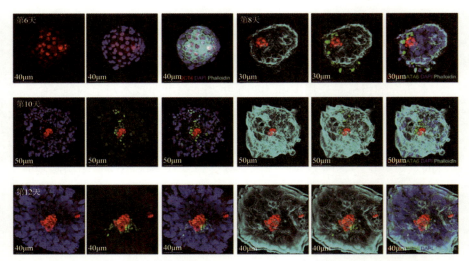

图 10-1　人类胚胎体外模拟着床生长过程（6 ～ 12 天）免疫荧光染色形态学示意

（pluripotency transition），原始内胚层则逐渐开始表达卵黄囊发育相关基因
（如 *CD44*），而滋养外胚层则逐渐开始表达荷尔蒙相关基因（如 CGB 家族
基因）。以上特征均表明，胚胎在这一关键发育阶段逐渐呈现出母胎连接
预备状态（图 10-2）。不同细胞谱系之间的基因表达对比分析表明，各类
细胞谱系均具备特征性基因（signature gene）。且部分基因与已发表的食蟹
猴围着床期胚胎相关谱系的基因表达特征类似[13]（图 10-3）。

　　另一方面，转录因子 *OTX2* 基因过去曾被报道是围着床期胚胎上胚层
多能性转化（pluripotency transition）的重要标志基因。然而，本研究的转
录组数据显示，*OTX2* 主要表达在原始内胚层细胞中，而并非上胚层细胞
中。进一步全胚胎免疫荧光染色显示，*OTX2* 表达在部分原始内胚层细胞中，
与转录组分析结果完全一致。这表明，具有相同发育来源（内细胞团起源）
的两类细胞（上胚层细胞和原始内胚层细胞）可能携带特殊基因表达痕
迹（图 10-4）。这些数据表明，该研究中转录组数据的潜在资源价值——
新的谱系标记基因鉴定，可能有助于早期胚胎中的谱系鉴定和干 / 祖

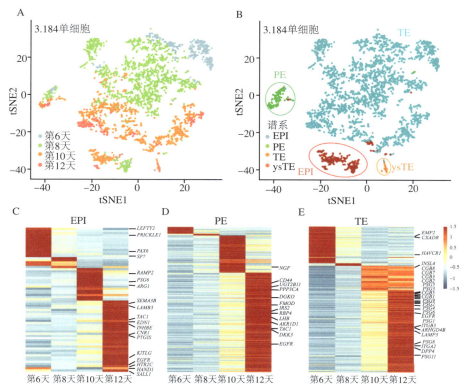

图 10-2　人类围着床期胚胎的谱系鉴定和各自的发育生物学特征

注：A ～ B. 转录组数据的聚类分析；C ～ E. 3 类细胞谱系的阶段差异性基因热图；tSNE1：*t* 分布随机邻接嵌入（*t*-distributed stochastic neighbor embedding）。

细胞衍生研究。

3. 滋养外胚层特化成为两个亚群

　　研究团队发现，随着围着床期胚胎的发育，滋养外胚层逐渐形成两个亚群，其中一个亚群主要表达女性妊娠相关基因，而另一个亚群则几乎不表达该类基因。随后，这两类细胞被鉴定为细胞滋养层细胞（cytotrophoblasts，CTs）和合胞滋养层细胞（syncytiotrophoblasts，STs）。除激素相关基因外，合胞滋养层细胞还表达部分新的标志基因，如 *TCL6*

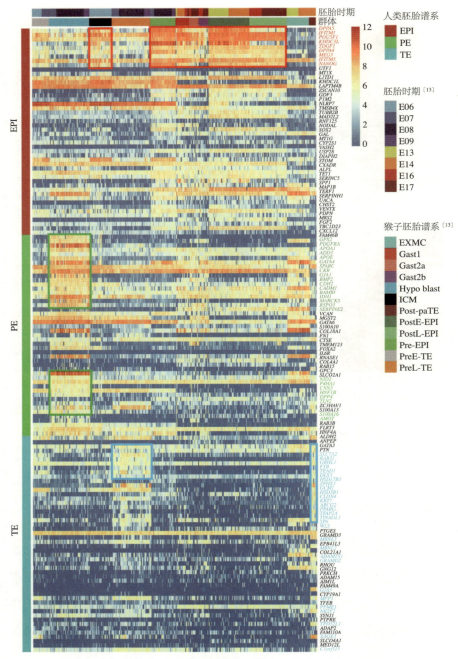

图 10-3　人类与食蟹猴着床后胚胎细胞的基因表达图谱对比分析

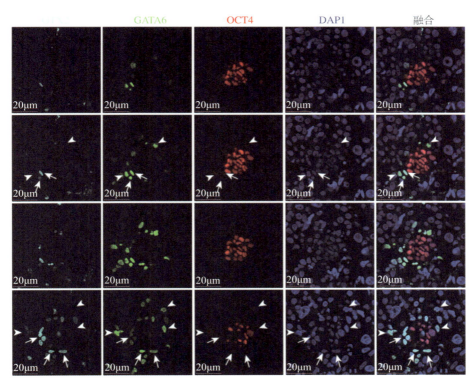

图 10-4　OTX2 在围着床期胚胎的表达情况

和 *TBX3*（图 10-5）。

4. X 染色体剂量平衡

自 1961 年里昂（Lyon）等人报道雌雄个体之间的 X 染色体剂量特征后，X 染色体剂量平衡一直是发育生物学关注的焦点之一[14]。X 染色体失活（X chromosome inactivation，XCI）对于女性（XX）与男性（XY）之间 X 连锁基因的剂量平衡具有重要意义，同时 X 染色体基因表达上调（X chromosome upregulated，XCU）对于 X 连锁基因与常染色体基因之间的剂量平衡具有重要意义。彼得·罗普洛斯等报道雌雄胚胎的 X 染色体剂量在囊胚阶段几乎已达平衡，且为 X 染色体阻滞模式（X-dampening，雌性细

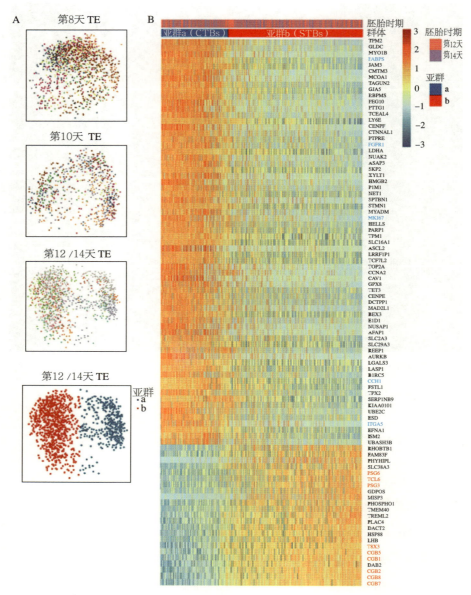

图 10-5 滋养外胚层两类亚群的特征性基因表达谱

注：A. TE 谱系在不同发育阶段的变化趋势；B. 第 12/14 天胚胎中两类 TE 亚群的基因表达特征。

胞两条 X 染色体剂量均部分下调）[15]。在本研究中，研究团队一方面捕获到了多个阶段的雌雄胚胎，这为系统揭示这一过程中的关键生物学细节提供了可能。可追踪父母源等位基因表达的单细胞全长转录组测序分析显示，在可观察事件窗口内（12 天以前），雌雄胚胎的 X 染色体剂量并未达到平衡，且雌性胚胎逐渐启动并逐渐呈现出父源或者母源 X 染色体随机失活趋势（图 10-6）。另一方面，X 染色体剂量应与常染色体基因的表达量平衡，这需要雌性与雄性中的 X 染色体上调来实现，在围着床晚期胚胎单个细胞中活跃的那条 X 染色体（雄性细胞中仅含一条 X 染色体，处于活跃状态；雌性细胞则含有一条活跃的 X 染色体和一条失活的 X 染色体）需要上调两倍的表达剂量，达到跟同一个细胞中每个常染色体两个拷贝同样的表达剂量（X 染色体 / 常染色体的表达剂量比从 1∶2 上调到 2∶2）。研究团队发现，X 染色体基因表达上调在着床阶段的雌性和雄性胚胎细胞中均已经启动，但是还没有达到上调两倍表达剂量的完成状态。此外，研究团队还发现，围着床时期胚胎还存在着一定程度的拷贝数变异（copy number variation，CNV），且拷贝数变异并未影响主要谱系的整体基因表达特征。

5. 谱系特异性 DNA 甲基化动态变化规律

为了进一步分析胚胎着床过程中的基因组甲基化特征，研究团队利用本团队创建的单细胞多组学测序技术对 3 类细胞谱系的基因组甲基化过程进行了深度分析。围着床阶段胚胎细胞在 DNA 甲基化特征水平分布成 4 个主要细胞群体（图 10-7），囊胚期（第 6 天）：上胚层 / 原始内胚层 / 滋养外胚层，着床后时期（第 8 ～ 10 天）：上胚层，着床后时期（第 8 ～ 12 天）：原始内胚层以及着床后时期（第 8 ～ 12 天）：滋养外胚层。该结果说明，3 类细胞谱系在囊胚发育阶段（着床前）具有相似的 DNA 甲基化模

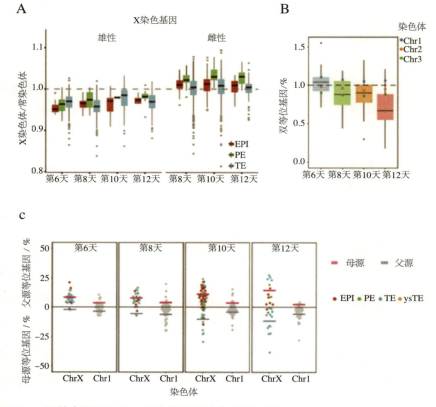

图 10-6　围着床期胚胎的 X 染色体剂量动态变化过程

注：A. 雄性与雌性细胞之间 X 染色体基因表达情况对比分析；B. 雌性胚胎中双等位基因表达比
例随着发育过程的动态变化；C. 雄性胚胎单细胞的父母源基因表达偏向性趋势。

式，在着床后迅速获得了各自独特的 DNA 甲基化特征。

接下来，研究团队重点关注 3 个细胞谱系各自的 DNA 甲基化动力学
变化过程。在此研究团队充分利用了单细胞多组学测序技术的优势，首先
利用单细胞多组学测序结果中的转录组测序数据根据每个细胞的基区表
达特征精准区分 3 个谱系的细胞；然后再分别在 3 个谱系的细胞中分析
其 DNA 甲基化组动态变化趋势。如果选用两批胚胎分别做单细胞转录组
测序和单细胞 DNA 甲基化组测序，就无法实现上述目的。总体来说，上

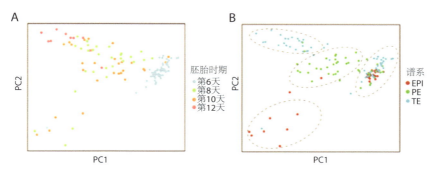

图 10-7　胚胎时期（A）和谱系身份信息的 PCA 分析（B）

胚层、原始内胚层和滋养外胚层在囊胚发育阶段后的基因组，均发生了大规模重新甲基化（图 10-8）。这表明，胚胎在着床过程中可能经历了表观遗传调控的自我构建过程。其中，上胚层的 DNA 甲基化水平从囊胚期的26.1%（第 6 天）显著增加到着床后胚胎的 60.0%（第 10 天）。同样，滋养外胚层细胞群体的 DNA 甲基化水平也从囊胚阶段（第 6 天）的 23.5%上升到着床后胚胎（第 10 天）的 46.3%。滋养外胚层群体的 DNA 甲基化水平显著低于上胚层谱系（第 10 天），这意味着胚内（上胚层）和胚外（滋养外胚层）谱系细胞的表观遗传调控过程存在较大差异。出乎意料的是，囊胚期原始内胚层细胞的 DNA 甲基化水平（27.0%）与上胚层相当（26.1%），第 8 天上升至 33.2%（上胚层为 49.9%），第 10 天进一步略有上升为 36.8%（上胚层为 60.0%）。与上胚层相比，来自内细胞团的另一个谱系原始内胚层在着床过程中，意外地呈现出非常缓慢的 DNA 重新甲基化动力学特征（图 10-8）。这些数据表明，早期胚胎在着床后很快起始了大规模 DNA 重新甲基化过程，3 个主要谱系不仅表现出不同的基因表达特征，而且在 DNA 重甲基化特征方面呈现不同步的明显差异。这表明，DNA 甲基化可能在维持特定细胞谱系的发育过程中发挥了重要作用。因此，这也暗示在着床过程中调控各个细胞谱系发育的表观遗传学特征也存在差异。

有趣的是，不同谱系间差异 DNA 甲基化分析表明，各个谱系在胚胎第 10 天都携带基因位点特异性 DNA 甲基化。例如，多能性关键调控基因 *POU5F1* 和 *NANOG* 在第 8 天滋养外胚层细胞中被特异性甲基化，而上胚层和原始内胚层细胞则没有。相反，滋养外胚层发育基因（如 *MMP26* 和 *PSG7*）在上胚层和原始内胚层细胞中特异性甲基化，但在第 8 天滋养外胚层细胞中却维持着低甲基化的状态。相比之下，在第 8 天，原始内胚层标志基因（如 *APOA1* 和 *CPN1*）在上胚层和滋养外胚层细胞中特异性甲基化，而在原始内胚层细胞中没有被甲基化（图 10-7）。这些结果表明，DNA 甲基化在着床后早期的时间窗口内可能特异性调控了关键谱系基因的转录，与基因转录共同协调决定了不同细胞谱系的发育潜能特化过程。

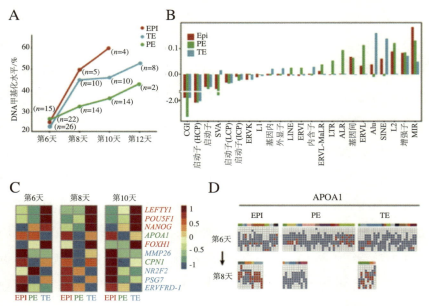

图 10-8　围着床发育时期的 3 类主要谱系的 DNA 甲基化水平动态变化过程

注：A. 不同谱系在发育过程中的 DNA 甲基化动态变化趋势分析；B. 各类谱系在不同基因组元件上的甲基化趋势分析；C. 3 类谱系特异性基因的 DNA 甲基化程度分析；D. APOA1 特异性在 PE 谱系中维持未甲基化状态。

结果与讨论

　　本研究利用单细胞组学测序技术首次全面揭示了人类早期着床后胚胎的转录组和 DNA 甲基化组特征。自 1969 年"试管婴儿"技术发展以来，人类胚胎发育的着床前阶段（从受精到囊胚）得到了广泛研究。然而，由于几乎无法获得人类早期着床后的胚胎（胚胎发育的第 2 和 3 周），人们对围着床期这一发育阶段的认识几乎是一个黑箱。我们研究团队采用体外人类着床期胚胎培养体系和单细胞转录组测序（single cell RNA-seq，scRNA-seq）技术，通过分析 48 个胚胎共 5911 个单细胞，绘制了单细胞分辨率的人类围着床期发育的高精度转录组图谱，系统地分析和描述了着床期胚胎的基因表达特征。各阶段细胞数量的分析表明，上胚层细胞、滋养层细胞和原始内胚层细胞 3 个主要谱系的分离都发生在囊胚发育后期，这与之前的报道一致[5, 6]。在着床过程中，人类上胚层细胞从幼稚多能性向启动多能性状态转变，这与近期报道的多能性转变对上胚层细胞在体内的发展至关重要的结论吻合[16]。滋养层细胞是胎盘发育的起源细胞谱系，在围着床时期进一步特化形成至少两类亚型细胞（细胞滋养层细胞与合胞滋养层细胞），以支持母子互动和胎儿发育。同时，着床后胚胎在转录机制、谱系规范、信号通路活性和转录因子调控网络等方面均表现出独特的特点。研究团队还观察到染色体非整倍性在围着床时期广泛存在，且并未对整体的基因表达特征产生较大的影响。

　　DNA 甲基化等表观遗传机制对调控早期胚胎发育过程中的细胞命运发挥着重要作用。为了直接探索 DNA 甲基化的动态变化，研究团队通过单细胞三重组学测序技术，系统地分析了从囊胚（着床前，第 6 天）到着床后（第 12 天）这 3 个谱系的 DNA 甲基化组特征，并清晰地展现了 3 种细胞谱系的基因组重新甲基化的动态过程。一个令人惊讶的发现是，着床过程中原始内胚层细胞的基因组重新甲基化过程比同样来源于内细胞团的上胚层细胞慢很多，表明这两种细胞谱系在着床后早期便呈现了完全不同步的 DNA 甲基化组的独特特征。这些发现表明，DNA 甲基化可能协调和参与人类早期胚胎发育过程中细胞命运特化。

综上所述，本研究首次全面系统地揭示了人类围着床期胚胎发育过程中，基因表达与 DNA 甲基化动态变化，绘制了 3 种细胞谱系的单细胞分辨率的高精度转录组与 DNA 甲基化组图谱，表明滋养层细胞在此阶段进一步特化形成至少两种细胞亚群，并说明人类上胚层细胞在此阶段从幼稚多能性向启动多能性状态转变。本研究对于深入理解人类围着床期胚胎发育的基因表达调控网络与细胞命运决定、人类胎盘是如何形成、为什么有些胚胎会着床失败和人类胚胎干细胞的分化与发育等重要的基础与临床问题具有重要价值。

发展前景与展望

我们的研究仅仅初步揭示了体外人类着床早期胚胎发育的转录组和 DNA 甲基化组特征。一方面，表观遗传调控包括众多层面，例如，组蛋白修饰是指组蛋白在相关酶作用下发生甲基化、乙酰化、磷酸化、腺苷酸化、泛素化和 ADP 核糖基化等共价修饰的过程，在基因表达调控中发挥了重要作用。目前，单细胞组蛋白修饰组学测序技术尚不成熟，未来绘制人类围着床期胚胎发育过程的组蛋白修饰图谱将成为一个主要的方向。基因表达调控网络极其复杂，随着多层面图谱数据的积累，开发新的生物信息学算法以整合与挖掘各种数据，将为深入理解调控网络提供帮助。另一方面，研究团队从人类着床早期胚胎发育组学图谱中所获取的海量信息，将需要大量生物学功能实验来"消化"，以深入理解基因表达调控网络与细胞命运决定的因果关系。例如，是什么信号促使其滋养外胚层细胞特化为两个亚群？该信号的下游信号通路是什么？ 这些功能研究将有助于理解人类胎盘是如何形成的，为什么有些胚胎会着床失败等重要的临床问题。上胚层细胞在这一阶段发生了从幼稚多能性向启动多能性的转变，对关键转录因子和表观机制的研究将有助于深入理解人类胚胎干细胞的多能性维持与早期谱系分化过程。

<h1 style="text-align:center;color:#c0392b">参考文献</h1>

［1］ Koot Y E，Teklenburg G，Salker M S，et al. Molecular aspects of implantation failure ［J］. Biochimica et Biophysica Acta，2012，1822（12）：1943–1950.

［2］ Edwards R G，Steptoe P C，Purdy J M. Fertilization and cleavage *in vitro* of preovulator human oocytes［J］. Nature，1970（227）：1307–1309.

［3］ Weimar C H，Post Uiterweer E D，Teklenburg G，et al. *In vitro* model systems for the study of human embryo-endometrium interactions［J］. Reproductive Biomedicine Online，2013（27）：461–476.

［4］ Bedzhov I，Leung C Y，Bialecka M，et al. *In vitro* culture of mouse blastocysts beyond the implantation stages［J］. Nature Protocols，2014（9）：2732–2739.

［5］ Deglincerti A，Croft G F，Pietila L N，et al. Self-organization of the *in vitro* attached human embryo［J］. Nature，2016（533）：251–254.

［6］ Shahbazi M N，Jedrusik A，Vuoristo S，et al. Self-organization of the human embryo in the absence of maternal tissues［J］. Nature Cell Biology，2016（18）：700–708.

［7］ Tang F，Barbacioru C，Wang Y，et al. mRNA-Seq whole-transcriptome analysis of a single cell［J］. Nat. Methods，2009，6（5）：377–832.

［8］ Yan L，Yang M，Guo H，et al. Single-cell RNA-Seq profiling of human preimplantation embryos and embryonic stem cells［J］. Nature Structural & Molecular Biology，20：1131–1139.

［9］ Guo H，Zhu P，Wu X，et al. Single-cell methylome landscapes of mouse embryonic

stem cells and early embryos analyzed using reduced representation bisulfite sequencing
［J］. Genome Res., 2013, 23（12）: 2126-2135.

［10］ Guo H, Zhu P, Yan L, et al. The DNA methylation landscape of human early embryos
［J］. Nature, 2014, 511: 606-610.

［11］ Zhu P, Guo H, Ren Y, et al. Single-cell DNA methylome sequencing of human
preimplantation embryos［J］. Nature Genetics, 2018（50）: 12-19.

［12］ Hou Y, Guo H, Cao C, et al. Single-cell triple omics sequencing reveals genetic,
epigenetic, and transcriptomic heterogeneity in hepatocellular carcinomas［J］. Cell
Res., 2016, 26（3）: 304-319.

［13］ Nakamura T, Okamoto I, Sasaki K, et al. A developmental coordinate of pluripotency
among mice, monkeys and humans［J］. Nature, 2016（537）: 57-62.

［14］ Lyon M F. Gene action in the X-chromosome of the mouse（*Mus musculus*）［J］.
Nature, 1961（190）: 372-373.

［15］ Petropoulos S, Edsgard D, Reinius B, et al. Single-cell RNA-Seq reveals lineage and
X chromosome dynamics in human preimplantation embryos［J］. Cell, 2016, 165
（4）: 1012-1026.

［16］ Shahbazi M N, Scialdone A, Skorupska N, et al. Pluripotent state transitions
coordinate morphogenesis in mouse and human embryos［J］. Nature, 2017（552）:
239-243.

后 记 | Postscript

　　为推动生命科学研究和技术创新，充分展示和宣传我国生命科学领域的重大科技成果，自 2015 年起，学会联合体以"公平、公正、公开"为原则开展年度"中国生命科学十大进展"项目评选工作。2019 年，学会联合体 22 家成员学会在广泛征求理事和专业分会意见的基础上，推荐了具有创新性或先进性和重大学术价值或应用前景，主要工作在国内完成或以国内工作为主，并在国内外具有显著影响力的知识创新类和技术创新类项目。经各学会网站进行公示后，在众多优秀成果中推荐本领域相关的重大进展，共计 32 个项目提交学会联合体评审专家委员会评审。经生命科学、生物技术以及临床医学等领域专家评选和学会联合体主席团核定，并报请中国科协批准，确定了"破解硅藻光合膜蛋白超分子结构和功能之谜""反刍动物基因组进化及其对人类健康的启示""实现哺乳动物裸眼红外光感知和红外图像视觉能力""单碱基基因编辑造成大量脱靶效应及其优化解决方法""提高中晚期鼻咽癌疗效的新方案""揭示抗结核新药的靶点和作用机制及潜在新药的发现""*LincGET* 不对称表达引发小鼠 2- 细胞期胚胎细胞的命运选择""小鼠早期胚胎全胚层时空转录组及三胚层细胞谱系建立的分子图谱""植物抗病小体的结构与功能研究""利用单细胞多组学技术解析人类胚胎着床过程"为本年度"中国生命科学十大进展"。

学会联合体对 2019 年度"中国生命科学十大进展"作了广泛宣传。2020 年 1 月，学会联合体在中国科技会堂召开新闻发布会，央视网、新华社、新华网、《光明日报》《人民政协报》《经济日报》《中国青年报》《中国妇女报》、中国科技产业、光明网、《中国日报》、新浪网、《工人日报》、科界、中新社、《科技日报》、中国科普网、中国经济网、科学网、《科技导报》《中国科学报》《中国财经报》、科协改革进行时、《解放日报》和中国网等多家媒体参加。《科技日报》《人民政协报》《中国青年报》、央视网、新华网、光明网、科学网和新浪网等多家新闻媒体均对此予以报道。

10 项成果包括 7 项知识创新类成果和 3 项技术创新类成果。这 10 项成果不仅代表了中国生命科学领域在 2019 年取得的重大进展，也是世界生命科学领域的重要成果。这些研究成果不仅揭示生命的新奥秘，同时也为生命科学的新技术开发、医学新突破和生物经济的发展打开了新的希望之门，并让世界更好地了解中国生命科学的现状和突飞猛进的发展势头。

央视网对 2019 年度中国生命科学十大进展的报道

2019年度"中国生命科学十大进展"今日揭晓

2020-01-10 17:42:39　来源：新华网

新华网北京1月10日电（刘丫）中国科协生命科学学会联合体10日在京发布2019年度"中国生命科学十大进展"。"破解硅藻光合膜蛋白超分子结构和功能之谜""实现哺乳动物裸眼红外光感知和红外图像视觉能力"等入选十项科研成果。

延续上一年度"中国生命科学十大进展"评选方法的创新，2019年度，主办方将项目成果进行知识创新类和技术创新类分类评选。2019年度项目成果经中国科协生命科学学会联合体成员学会推荐，由以中国科学院、中国工程院两院院士为主的生命科学、生物技术和临床医学等领域同行专家评选，并经中国科协生命科学学会联合体主席团审核，最终7个知识创新类项目和3个技术创新类项目成果被评选为2019年度"中国生命科学十大进展"。

新华网对 2019 年度中国生命科学十大进展的报道

光明 时政
politics.gmw.cn

时政　国际　时评　理论　文化　科技　教育

频道> 国内 > 正文

2019年度"中国生命科学十大进展"正式发布

来源：光明日报客户端　2020-01-10 14:19

1月10日上午，中国科协生命科学学会联合体举行新闻发布会，并正式发布2019年度"中国生命科学十大进展"。

十大进展分别为："破解硅藻光合膜蛋白超分子结构和功能之谜""反刍动物基因组进化及其对人类健康的启示""实现哺乳动物裸眼红外光感知和红外图像视觉能力""单碱基基因编辑造成大量脱靶效应及其优化解决方法""提高中晚期鼻咽癌疗效的新方案""揭示抗结核新药的靶点和作用机制和潜在新药的发现""LincGET不对称表达引发小鼠2-细胞期胚胎细胞的命运选择""小鼠早期胚胎

视觉焦点

《光明日报》对 2019 年度中国生命科学十大进展的报道

科学网

新闻

作者：高雅丽 来源：中国科学报 发布时间：2020/1/10 18:31:19　　　　选择字号：小 中 大

2019年度"中国生命科学十大进展"公布

1月10日上午，2019年度"中国生命科学十大进展"在京发布。发布会上，中国科协生命科学学会联合体有关领导介绍了"中国生命科学十大进展"评选情况及本年度评选活动亮点，本年度入选项目主要负责人介绍了各项目成果的特色、创新点和科学意义。

2019年度"中国生命科学十大进展"分别为：破解硅藻光合膜蛋白超分子结构和功能之谜，反刍动物基因组进化及其对人类健康的启示，实现哺乳动物裸眼红外光感知和红外图像视觉能力，单碱基基因编辑造成大量脱靶效应及其优化解决方法，提高中晚期鼻咽癌疗效的新方案，揭示抗结核新药的靶点和作用机制及潜在新药的发现，LincGET不对称表达引发小鼠2-细胞期胚胎细胞的命运选择，小鼠早期胚胎全胚层时空转录组及三胚层细胞谱系建立的分子图谱，植物抗病小体的结构与功能研究，利用单细胞多组学技术解析人类胚胎着床过程。

科学网对 2019 年度中国生命科学十大进展的报道

将生命初始事件"逐帧慢放"，中国生命科学十大进展出炉

科技日报
发布时间：01-10　19:00　｜科技日报社

科技日报记者 张佳星

　　生命个体里数万亿个细胞都从一颗受精卵开始，为什么有的转变为胎盘，有的分化为肌肉、骨骼，有的发育为神经、皮肤……

　　1月10日发布的"2019年度中国生命科学十大进展"中有3个与探究生命起始相关。

作者最新文章

北京经受住了考验

1.76亿！直播带货搞起了"大买卖"

《科技日报》对 2019 年度中国生命科学十大进展的报道

2019年度"中国生命科学十大进展"发布

中国青年报
发布时间：01-10　16:07　｜中国青年报社

　　中国青年报客户端北京1月10日电（中青报中青网记者 邱晨辉）今天，中国科协生命科学学会联合体在北京举行新闻发布会，正式发布2019年度"中国生命科学十大进展"。"破解硅藻光合膜蛋白超分子结构和功能之谜"等十大研究成果入选。

　　据介绍，此次发布的成果是经中国科协生命科学学会联合体成员学会推荐，由以两院院士为主的生命科学、生物技术和临床医学等领域同行专家评选，并经中国科协生命科学学会联合体主席团审核，最终确定7个知识创新类和3个技术创新类项目成果为2019年度"中国生命科学十大进展"。

　　具体来看，这十大进展分别是："破解硅藻光合膜蛋白超分子结构和功能之谜""反刍动物基因组进化及其对人类健康的启示""实现哺乳动物裸眼红外光感知和红外图像视觉能力""单碱基基因编辑造成大量脱靶效应及其优化解决方法""提高中晚期鼻咽癌疗效的新方案""揭示抗结核新药的靶点和作用机制及潜在新药的发现""LincGET不对称表达引

作者最新

南开大学成究院 徐建

外媒担忧○负面影响

美国司法部美国为什么

《中国青年报》对 2019 年度中国生命科学十大进展的报道